Twelve Verses of Plants

用植物的名字
以《声律启蒙》的格式写韵诗

冯倩丽
著

中国科学技术出版社
· 北 京 ·

草木十二韵

一、四季

椿对楸，榎对柊，亭立对屈曲

续断对旋覆，火炬对蜡烛

剪秋罗，报岁兰，冬青对夏枯

雪光玲珑草，雨久逍遥竹

重楼含羞虞美人，覆闾无心刘寄奴

歌绿怀兰，贝母江边一碗水

绛花醉鱼，苹婆头顶一颗珠

二、晨昏

榉对楉，栗对榛，子午对黄昏

坡露对岩风，夕雾对山芬

半边月，九朵云，霜柱对雪轮

木通千层须，茵陈百脉根

万年青贯月忍冬，百日红迎阳报春

岛生新月，可爱瑶山七姐妹

道孚景天，勿忘韶关大将军

三、色彩

靛对棕，麦对芒，地锦对山姜

蓝果对橙桑，绿萼对素方

四海波，千里光，紫柳对赤杨

凌霄落霜红，向阳过路黄

盂兰君子墓头回，端午旅人高山望

单行贯众，白首乌独山金足

王不留行，朱顶红多脉青冈

四、万物

菟对茑，椴对栾，鼠李对马钱

鹰爪对狼毒，翠雀对乌鸢

打蛇棒，钓鱼竿，黄鳝对碧蝉

九子不离母，五虎下西山

狮子滚球龙吐珠，锦鸡舞草鹤望兰

荒漠石头，蜘蛛抱蛋一代宗

粗枝崖摩，蝴蝶戏珠追风散

五、相思

枳对橘，橙对柠，半夏对南星

无患对相思，远志对决明

四块瓦，八角亭，白玉对水晶

西湖杨下风，白石松顶冰

荷包牡丹百般娇，莲生贵子遍地金

滨海木蓝，勤娘子对月思维

沧江海棠，使君子戴星感应

六、喜事

李对桃，柿对梨，荼蘼对荚蒾

灵树对梦花，雪胆对云实

登云鞋，上天梯，飘带对花旗

蜜望翠蛾眉，羞礼金茶匙

羽衣盖头一匹绸，文冠状元千张纸

通天蜡烛，菀不留都士不礼

落地珍珠，金不换美人脱衣

七、山居

杏对梅，蔓对藤，棋盘对风筝

苍木对灵芝，悬铃对吊钟

二月旺，六月冷，蓑衣对斗篷

延龄扛板归，还魂避蛇生

清水山兰春不老，疏花地榆夏无踪

石上青苔，八担杏沉香蜜友

雨过天晴，一把伞小山飘风

八、滋味

枣对莓，粟对荞，仙草对蟠桃

苦菜对香草，甘薯对辣椒

柳穿鱼，蜂出巢，酸豆对香蕉

冰花凌水挡，雪滴隔山消

云上杜鹃霍而飞，山头姑娘忽地笑

河内坡垒，溪沟七叶一枝花

山野坝子，海淀九味一枝蒿

九、传说

蓼对藜，楝对槐，覆瓦对楼台
彼岸对天堂，净土对蓬莱
倒水莲，冲天柏，包袱对布袋
屋根芨芨草，车前梭梭柴
空心苦嫦娥奔月，同心结八仙过海
天青地红，玉叶金花爬崖香
冬虫夏草，金盏银台照山白

十、人间

桦对杉，柏对松，诸葛对管仲
林奈对梭罗，火神对雷公
黑面神，白头翁，迎夏对喜冬
东风永固生，露珠自消容
徐长卿白马连鞍，谢三娘橙花飞蓬
伯乐清明，破故纸丝节灯芯
西施素馨，晚香玉团球火绒

十一、纷争

箭对矛，刺对梭，银钟对宝铎
泽泻对海通，合欢对独活
石打穿，干滴落，走马对矢车
爬山虎通泉，飞天龙拦河
四大金刚洋飘飘，十大功劳登赫赫
落地生根，一粒金丹黑心解
见血封喉，八代赤剑红心割

十二、行旅

烟对茶，果对瓜，酸枣对山楂
星宿对太阳，冷水对香茶
高山桦，草原霞，落苏对升麻
连香风吹楠，扶芳水漂沙
路边青半蔓白薇，山里锦一枝黄花
水流钟头，千年不烂心无量
独行千里，楚雄安息香百家

《草木十二韵》
配乐朗诵
（儿童版）
朗读者：刘道一（6 岁）

《草木十二韵》
配乐朗诵
（成人版）
朗读者：刘莎

谨以此书献给

我最亲爱的爸爸妈妈

序

倩取花来唤醒 丽辞风动生香

冯倩丽毕业于北京大学，本科学习古印度语言——梵语巴利语，研究生转学景观设计；她喜欢绘画，其植物画精准清秀；她是北大山鹰社登山队员，担任过科考队徒步队长，喜欢攀岩和定向越野等户外运动。

在这里，作为非中文系出身的作者，写出内容极为丰富的《草木十二韵》，十分难得。这一工作看似简单，却以一己之力，实质性推动了博物学文化的传承。有传承亦有创新。

我因为把初稿推荐给出版社这一举手之劳，而有机会受邀写几句闲话。

倩丽在总结、吸取前人工作成果的基础上，依四季、晨昏、色彩、万物、相思、喜事、山居、滋味、传说、人间、纷争、行旅等十二主题，用丰富的植物名字创作了别具一格的《草木十二韵》，在当下此书能起到沟通音韵学、古典学、博物学、植物学的特殊作用。其中重点是博物和对韵，两者都与主流文化无关。

首先，现代中国人不大博物，更愿意在人工世界中徜徉。四体不勤、五谷不分，是对一部分研究生、学者的真实写照。打个比方，博士 A 说，我认识世界上的所有植物，不是草就是木。博士 B 说，那算什么，我知道世界上所有物种，都是“东西”。农民不得不再问：到底是什么东西？这当然是笑话了。不过，“多识于鸟兽草木之名”，现在对于知识界也许是奢侈、过分的要求。在自然科学的四大传统——博物、数理、控制实验和数值模拟中，最不重要的便是古老的博物，称某科学家是博物学家，仿佛不是表扬，而是种羞辱。

其次，现代中国人一般不作诗，写文章不讲韵律。采采芣苢、蒹葭苍苍、杨柳依依、自牧归荑、桑者闲闲兮……传统诗歌非常有画面感，读起来也有一种特殊的美的韵律。公元前数百年，中国人就能写出“可以兴，可以观，可以群，可以怨”的诗句，令今人汗颜。中国古代诗歌分古体诗和今体诗（也称近体诗），前者不要求严格押韵（平仄还是讲究的），而后者要求严格押韵。历史上，汉字写法有变化，发音更有变化，大致经过了上古音、中古音和近古音三个阶段。律诗成于唐代，以中古音为准，讲究四声、平仄、对仗和押韵。《广韵》将汉字分为四个声调，所收的平声字（又分上平和下平，也叫阴平和阳平，对应于现代汉语的一声和二声）均为平声，上声字、去声字、入声字（在现代汉语中消失）这三者都是仄声。今体诗要压“平水韵”，用平声韵，现在的北方人和西南人区分入声字很困难。此外，有些字现在看来同韵在古代却不同韵，有些字现在看来不同韵在古代却同韵，稳妥的办法是查韵书、韵表。总之，创作律诗的形式要求非常多、非常严，现在的语文课本虽收诗歌若干篇，却不专讲格律，更不要求学生做律诗。但作为重要的文化遗产，诗词格律的形式与其内容同样重要，也需要在一定范围保持鲜活。

与其把《草木十二韵》看作诗歌，不如看作一种巧妙诙谐、富有诗意的文字游戏。以植物名来创作十二韵，语料上已有诸多限制，因此或许不能严格满足古代的音韵规则。对此倩丽说“非不知也，是不能也”。她还对我说，其实她更喜欢现代诗，“现代诗歌在挣脱了格律和韵脚的束缚之后，也增添了许多自由和美丽。有时，太多的规则，反而会剥夺语言的灵气，绑架表达的内容。我的态度是，希望读者感受古典诗歌的规则之美，又不为这种规则所拘束。”的确，现在各年级的语文课本缺乏梯度和差异，也很少讲到诗词的格律，应当增添这方面的内容，让中国的年轻人可以感受到中国古典诗歌格律之美。倩丽以植物名传播音韵知识，增加了趣味性，当能唤起读者的兴趣。

过去，下至幼学童蒙，上至大儒重臣，甚至帝王，都对博物和语文感兴趣。县令陶渊明、知州苏东坡、转运使辛弃疾生活有情趣，作得一手好诗文。反观现在的部分官员，只会说套话空话，连写个基本文书都得秘书代劳。

百姓博物，服务于日常生活，却未留下多少文字记录。文人特别是帝王博物，则是另一番景象：博物仍粘着于生活，也是一种特别的休闲。梁元帝萧绎（508–555）吃饱喝足后，写有《药名诗》："戍客恒山【常山】下，常思【苍耳】衣锦归。况看春草歇，还见雁南飞【雁来红】。蜡烛【烛烬】凝花影，重台【玄参】闭绮扉。风吹竹叶袖，网缀流黄【硫黄】机。讵信金城里【李的一种】，繁露【落葵】晓沾衣。"他同父异母的哥哥萧纲（503—551）也写过《药名诗》。萧绎还写有《草名诗》《树名诗》，无特别文采却也算好玩。除了这兄弟俩外，南唐后主李煜、宋徽宗赵佶、清高宗弘历，也个个博物，多才多艺，治国却一塌糊涂。玩物而丧志？其实，并非博物害了他们，这类人本来就不该从政。帝国军政伟业迅速烟消云散，副业诗词绘画反而永垂不朽，让读者觉得他们是有血有肉的人类个体。

古代文人对文字自然是讲究的，对仗、押韵渗透于日常生活和娱乐，与博物配合得极好。文以载道，文质彬彬。"奏议宜雅，书论宜理，铭诔尚实，诗赋欲丽"，然文本同而末异。《镜花缘》第77回"斗百草全除旧套，对群花别出新裁"讨论对对子：长春对半夏；续断对连翘；猴姜【骨碎补】对马韭；木瓜对银杏；钩藤对蒨草【茜草】；观音柳对罗汉松；金盏草对玉簪花；木贼草对水仙花；慈姑花对妒妇草；三春柳对九节兰；苍耳子对白头翁；地榆别名玉鼓，五加一名金盐；马齿苋一名五行草，柳穿鱼一名二至花。第82回"行酒令书句飞双声，辩古文字音讹叠韵"讲吃酒行令的要求：所报花鸟等名要生成双声叠韵；所飞之句，又要从那花鸟等名之内飞出一字；而所报花鸟等名，又要紧承上文，或归一母，或在一韵；所飞句内要有双声叠韵。李汝珍笔下女子的才情，体现的是作家的一种想象，却也部分反映了古代博雅教育的若干面向。在教育日益讲究速成、实用的今日，往昔的育人传统显得不经济、浪费时间。

散文、诗歌都讲究章法、格律，非中国文言文、旧体诗独特的要求。利奥波德的散文："We abuse land because we regard it as a commodity belonging to us. When we see land as a community to which we belong, we may begin to use it with love and respect." 带有很强的韵律，其中 commodity 与 community 押韵，形式与内容均形成明显对照。这段大意是：我们滥用土地，是因为我们把土地视为属于我们的某种商品。倘若我们把土地视为我们也属于其中的某个共同体，那么我们就可能带着热爱和尊重来使用它。中文的意思很清楚，却失去了韵律。又如："Examine each question in terms of what is ethically and aesthetically right, as well as what is economically expedient. A thing is right when it tends to preserve the integrity, stability, and beauty of the biotic community. It is wrong when it tends otherwise."这段话包含着多种节律，读起来十分带劲，回味无穷，译成汉语则很难展现利奥波德语言的力量。这段大意是："对于每件事，除了经济上划算外，还要考虑伦理和审美上的正当性。凡是有助于保持生命共同体之完整、稳定、美丽的，就是好的。"看布莱克的《野花之歌》：

As I wandered the forest,
The green leaves among,
I heard a Wild Flower
Singing a song.

'I slept in the earth
In the silent night,

I murmured my fears
And I felt delight.'
'In the morning I went
As rosy as morn,
To seek for new joy;
But oh! met with scorn.'

这首小诗构思巧妙，合辙押韵，读来朗朗上口。此诗大意是："我游荡于绿叶浓密的树林，听到一株野花在唱歌'我睡在地上，夜色静谧，心里打鼓，又觉甜蜜。早晨我出发，朝霞泛红，寻找新的喜悦，哎呀，却遭遇鄙视。'"汉语意思颇清楚，但韵味尽失。再看克莱尔《自然圣歌》中的一段：

All nature owns with one accord
The great and universal Lord:
Insect and bird and tree and flower—
The witnesses of every hour—
Are pregnant with his prophesy
And 'God is with us' all reply.
The first link in the mighty plan
Is still—and all upbraideth man.

这一段邻近两行工整押韵，大意是：自然万物齐声赞美，伟大而万能的主：花、鸟、虫、树每时每刻所见证的，无不包含您的旨意。万物齐呼："上帝与我们同在"。然而宏伟计划中的第一连接，依然是我们所有这些罪人。学习一种语言，阅读相关文章，第一步当然是要知道大概意义，第二步则要在音韵、修辞上下点功夫，把它们当作艺术品来欣赏。

不过，时代毕竟不同了。对于现在的人，诗总在远方，“诗意栖居”是一种无法触摸也不想兑现的想象。快节奏的社会中，我们没工夫遣词炼句，细致考虑平仄、对仗、押韵等“小事”，自由诗取代律诗是大势所趋。按韵写诗填词也难免限制了思想表达。

我想，倩丽的《草木十二韵》用意不在于提供一种类似《佩文诗韵》《声律启蒙》《笠翁对韵》或《广韵》《中华新韵》《诗韵新编》的韵字表以方便作诗，也不是有意贬低现代诗、怂恿学子吭哧瘪肚作旧诗，而是在于回味、复兴一种古老文化，重温一种优雅的生活方式。要想搞懂诗词格律，可读王力先生的《诗词格律概要》、杨祥雨的《格律诗写作自学教程》、谢桃坊的《诗词格律教程》等。

在此，我另外想提到的是，倩丽并非纸上谈兵，她对植物有着真实兴趣，她实地观察、拍摄植物并亲自绘画。本书对数百种植物进行了描述，并按最新的 APG 系统做了分类，这对于传播新的植物分类方案颇有好处。APG 指被子植物系统发育组（Angiosperm Phylogeny Group，简称 APG）。即使在植物学界，一谈到 APG，用惯了老系统的一些人也感觉头痛。过渡到 APG 系统，是早晚的事，赶晚不如赶早。但是，《草木十二韵》的用意似乎不在于植物学科普。科普，得先假定有一个科学的东西在那里，然后有人（通常是科学界权威学者或科普界专业人士）把它通俗化，解释给大众听。倩丽不是植物学家，也不是科普专家，倩丽做的事情并没有现成地“在那里”，恰好是她的工作使高度分散的元素得以聚合、作为整体得以存在，比如对中文名、拉丁学名的解释，她做的是夏纬瑛 (1896–1987)《植物名释札记》和格莱德希尔 (David Gledhill)《植物名字》（*The Names of Plants*）的工作，而其中的植物绘画也显示出作者独特的艺术创作能力。把这些工作解释成广义科普、科学与人文相结合的科普当然也可以，只是有点勉强。那它是什么？还真不好归类。我觉得是一种综合性的创意写作。一种文化小品、自然写作、博物写作、艺术创作！这令我想起日本作家有川浩的一部书《植物图鉴》和同名电影。《植物图鉴》涉及许多植物名，也讲述了植物的故事，但显然用意不在于植物科普，而在于通过植物表达爱情，提供一种新的自然审美案例。

倩丽善于学习，做事有板有眼、有模有样，在浪漫和理性之间游刃有余。倩丽不是一根筋的天才，从未显现出咄咄逼人的野心，她全面发展、平静如水，是生态共同体的好成员。她用梵文写了一首小诗《可能性在边界蔓生》，第一节翻译如下：

我不是这所花园中最美的花
但是我的存在证明了这里的多样性
当我来到门前，门内的人没有拒我千里
他告诉我前路艰难，也邀我共同前行

“多样性”，不多也不少，刚刚好。多样性支撑天人系统的稳定性；多样性丰富、可持续、有趣、好玩，还不够吗？这是甚高的标准。

刘华杰

北京大学哲学系教授

博物学文化倡导者

2018 年 12 月 20 日于北京昌平

本书缘起

《草木十二韵》是一组按照《声律启蒙》格式撰写的韵诗，共 1044 字，全诗除了《声律启蒙》格式固有的“对”字，其余全部由来自 116 个科的 323 种植物和一种地衣的名字组成。这些物种有的滋味鲜美，有的五毒俱全；有坐享其成的腐生和寄生植物，也有主动出击的捕虫植物；有的是古老孑遗的活化石，也有的是人为杂交的园艺品种；有的是我国特有，有的遍布世界，但都有一个共同点：它们美丽的名字反映着人类在探索自然时产生的智慧和诗意、付出的心血和永不消泯的好奇心。《草木十二韵》分为四季、晨昏、色彩、万物、相思、喜事、山居、滋味、传说、人间、纷争、行旅十二个诗节，在合辙押韵、对仗工整之余，兼具一定的叙事情节。

“完全用植物的名字，以《声律启蒙》的格式写韵诗”，这个念头在 2017 年 5 月突然钻进了我的脑子里。

彼时，我正在美国康奈尔大学景观设计学院攻读硕士研究生。期末刚刚结束，我一边兴致盎然地胡乱翻书，一边整理历年拍摄过的植物照片。说来惭愧，作为一个从小喜欢写两句歪诗的“在野诗人”，我却在二十啷当岁才第一次读到《声律启蒙》和《笠翁对韵》，深恨已错失太多锤炼语言的机会。与此同时，我发现很多植物都有妙趣横生的名字，背后总有好玩的故事。它们的名字含有丰富的语料和词性，令人不禁遐想，命名者一定都是观察自然和运用语言的双料大师。结识植物的过程仿佛是和他们隔空对话、抵掌而谈。我转念一想，何不用古今中外有趣的植物名字来写一组朗朗上口的韵诗，把植物和语言之美介绍给更多人呢？

念头很美好，实施起来却是个大工程。我用两周时间查阅《中国植物志》的中文索引和《本草纲目》《广群芳谱》等古籍，浏览了三万余种植物的超过十万个别名、俗名，把其中有趣的记下来。紧接着，我独自一人踏上了一场早就计划好的横穿美国铁路之旅，坐火车从雪城出发，经停芝加哥，最终落地洛杉矶。在火车上的四天三夜里，我完成了《草木十二韵》初稿，在写作时收获了无穷的乐趣。

一个月之后，我在母校北京大学校园里讲解了几次植物，对象有五六岁的小朋友，也有北京大学的师生。为了不在讲解中露怯或犯错，我提前走遍了校园的每一个角落，边走边做笔记，试着旁征博引。没想到五花八门的知识越写越多，最后竟变成了一篇两万余字的长文。我把这篇文章发到网上，得到了许多读者的喜爱。北京大学哲学系研究博物学的刘华杰老师看到这篇文章，辗转联系到了我。他原本只是欣赏我的文字，想推荐我去翻译一本博物学书籍，聊天中听我提到《草木十二韵》，便觉更加有趣，帮忙联系出版社，让这本书得以面世。

同年 7 月，我回国过暑假，又用一周的时间坐火车在祖国的华北、华中、西南地区兜了一个大圈子。这次旅行的高潮是中途到云南去看早就心向往之的西双版纳植物园。在植物园的纪念品商店里，我幸运地买到《植物古汉名图考续编》一书，在后半程旅行中如饥似渴地读完。这本书里不仅介绍了大量冷僻的植物古名，还让我找到了更多文献来源。又是在火车上，我完成了对十二个诗节的修改。当时火车上的乘客一定对我印象深刻：火车钻进隧道时拼命翻书、写字，甫一见光明便立即抄起相机拍照，争取不浪费丝毫的灵感或美景。

接下来，我用了一年半的时间为《草木十二韵》配图、撰写正文和前言这篇文章。因一直有随时随地拍植物和到处寻访植物园的习惯，我已积累下几千张植物照片。《草木十二韵》的 323 种植物中，若一个俗名可以泛指一个属，或者同属于多种植物，我会优先选择自己曾眼见为实的那一种去描述。有的植物的确难得一见，或是心头所爱，我就亲手为它们绘制植物画。每画一种植物之前，我都参考尽可能多的实物、照片，比对植物志内的文字描述，将各部分的形态研究清楚，做到“胸有成株”，画的时候并不打严格的底稿，而是想象一株新植物“破纸而出”。有时我也会尝试用画笔来描绘植物的生命历程，比如画出狮子滚球（算盘子）的果实从刚刚成型到熟透的几个阶段，再比如画香椿、金锦香和风筝果时，把花、叶、果在同一张图上呈现出来。书中还有几张照片拍摄自哈佛大学自然博物馆的玻璃植物标本展厅，那里是植物爱好者的天堂。

《草木十二韵》是一部以美丽的植物名字为发端的作品，但后续的写作大大延伸了它的半径。在本书正文中，我将对《草木十二韵》提到的每一种植物进行简单的介绍，除了描述形态，尝试解释学名和常用名的由来，有时还介绍了一些演化策略及文化典故。在《美中寻真》和《寻找生活的一点颜色》两篇文章中，我将分别讲述古今中外的诗人和植物学家在彼此领域中的“跨界”探索以及一些浅显有趣的植物学知识，希望为渴望认识植物而苦于入门无方的朋友打开一盏小小的夜灯。

目 录

序 倩取花来唤醒 丽辞风动生香 ………刘华杰

本书缘起

草木十二韵 ………………………………… 1

壹｜四季 ………… 2

贰｜晨昏 ………… 22

叁｜色彩 ………… 34

肆｜万物 ………… 47

伍｜相思 ………… 61

陆｜喜事 ………… 76

柒｜山居 ………… 92

捌｜滋味 ………… 104

玖｜传说 ………… 118

拾｜人间 ………… 132

拾壹｜纷争 ………… 146

拾贰｜行旅 ………… 160

美中寻真：诗人和植物学家的“跨界”探索 …………… 173
寻找生活的一点儿颜色：植物入门指南…………………201
参考文献………………………………………………227
植物名称索引 …………………………………………229
译名对照………………………………………………234
致　　谢………………………………………………238

草木十二韵

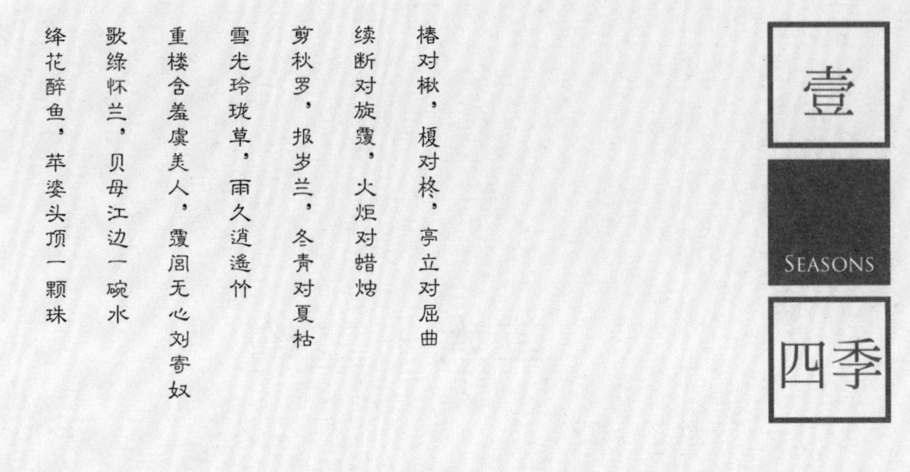

本书正文中出现的所有植物条目以如下格式出现：
《草木十二韵》中出现的中文名／常用中文名（若与前者相同则省略）／拉丁学名／科属

椿｜*Toona sinensis*｜楝科香椿属

落叶乔木；树皮深褐色，呈片状脱落；偶数羽状复叶，小叶对生，卵状披针形，两侧不对称，边缘具疏齿；圆锥花序，小花白色花瓣五枚；蒴果深褐色，狭椭圆形；夏季开花，秋季结果。

世间有四季，草木亦有“椿、榎、楸、柊”。《埤雅》有“木名三时”的说法：“椿从春，榎从夏，楸从秋”。《本草纲目》中记载，“楸叶大而早脱，故谓之楸；榎叶小而早秀，故谓之榎。唐时立秋日，京师卖楸叶，妇女、儿童剪花戴之，取秋意也”。

椿即香椿，是地道的中国本土植物，古名櫄、杶、楯，又称春阳树、春甜树等。早在《山海经》中，就有“成侯之山，其上多櫄木”的记载。《庄子》有云：“上古有大椿者，以八千岁为春，以千岁为秋”。北宋诗人晏殊借用庄子的典故作《椿》：“峩峩楚南树，杳杳含风韵；何用八千秋，腾凌诧朝菌。”古人将长寿的椿比作父亲，将萱草比作母亲，用“椿萱并茂”来表达对双亲健康长寿的美好祝福。《植物名实图考》中记

椿的嫩芽、花序和蒴果

载，香椿“叶甘可茹，木理红宝”。在早春，香椿嫩芽是中国人餐桌上一道美味的菜蔬。

人们常常会混淆香椿和苦木科臭椿属植物臭椿。其实它们很好区分：香椿是偶数羽状复叶，臭椿是奇数羽状复叶，每片小叶背后都有一对腺体，用手揉可闻到臭味；香椿的果实是干瘦的蒴果，而臭椿的果实是轻盈的翅果。《本草纲目》把香椿、臭椿并称为“椿樗”“椿木实而叶香可啖，樗木疏而气臭”，也就是说香椿是坚实的良材，臭椿则是“臭”木不可雕也。

楸｜ *Catalpa bungei* ｜紫葳科梓属

小乔木；叶三角状卵形，顶端渐尖；伞房状花序顶生，花冠淡红色，内有黄色条纹和暗紫色斑点，为传粉的昆虫指路；蒴果线形；初夏开花，初秋结果。

梓属属名“*Catalpa*”意为“头部有翅的”，描述了梓属钟状二唇形花冠的特点，本种种加词“*bungei*”是为纪念 19 世纪，曾取道西伯利亚前往北京和阿尔泰山区考察的俄国植物学家亚历山大·冯·邦吉（Alexander Von Bunge，1803-1890）而命名。

在中国古典文献中，“楸”和“梓”常难以区分，大约都指梓属植物。陆机在《诗疏》中记载“楸之疏理白色生子者为梓”，这种说法被李时珍接受，作为《本草纲目》中区分“梓、楸、椅”三种树的特征之一。在现在的分类系统中，楸、梓二树以叶形、花色等特征区分。

楸，摄于北京大学。

梓属植物生长迅速，坚硬通直，是一种优良木材。《埤雅》盛赞梓为“木王”。因为它美好的品质，好文章叫作“梓材”，能工巧匠叫作“梓人”，棺木雅称“梓宫”。古代用楸梓木制作活字字模，所以出版又叫作“付梓”。

·榎 | 同“楸”

·根据《说文解字》，“楸细叶者”又称榎。

柊（叶） | *Phrynium capitatum* | 竹芋科柊叶属

多年生草本；叶基生，长圆披针形；头状花序生叶鞘内，每一紫红色苞片内生3对花；小花花冠3裂，深红色，退化雄蕊外轮淡红色，内轮淡黄色；果梨形。

“柊”音同“终”，在粤语中则念“冬”。两广地区常用它长圆形的叶片来包粽子。清代李调元在《南越笔记》中记录道，柊叶“状如芭蕉叶，湿时以裹角黍，乾以包苴物，封缸口。盖南方地性热，物易腐败，惟柊叶藏之，可持久，即入土千年不坏”。

另一种叫作“柊”的植物是木樨科木樨属植物柊树（*Osmanthus heterophyllus*）。它是一种常绿灌木或小乔木，叶边缘具刺状牙齿，小花的花冠筒极短。

柊树，摄于布鲁克林植物园。

亭立 | *Burmannia wallichii* | 水玉簪科水玉簪属

一年生腐生小草本；叶退化成鳞片状；花被两轮，外轮短小，钝三角形，内轮长管状，顶端开裂，下部包被倒卵状子房。

本种种加词“*wallichii*”是为纪念丹麦植物猎人、外科医生纳撒尼尔·沃里克（Nathaniel Wallich，1786-1854）而命名。19世纪初，沃里克在印度加尔各答的丹麦殖民地行医，后供职于东印度公司。在他的倡议和努力之下，印度博物馆的前身，亚洲学会东方博物馆（Oriental Museum of Asiatic Society）和加尔各答植物园（Calcutta

Botanic Garden）得以建立。

18–19世纪时，殖民贸易范围遍及全球，宗主国鞭长莫及，常常由私营公司先行进驻，政府随后才至。这些私营公司因此拥有了极大的势力，常常可以干预殖民地的政治事务和历史进程。最初的印度帝国正是在东印度公司治下分裂成如今的印度、孟加拉国和巴基斯坦。在北美地区活动的英国哈德逊湾公司（Hudson's Bay Company）在皇家特许令的保护下，成功垄断了整条哈德逊流域的皮毛生意，几乎在无形中统治着北美近500平方千米的土地[1]。在商业利益的驱动下，了解当地动物、植物、气候和地质情况的条件和需求应运而生。在这种背景下，自由度更高的探险活动和博物学考察成为可能。可以说是“史家不幸科学家幸”了。

亭立是半自养生物，主要靠寄生在土壤中的真菌为生，因为无需叶绿素来进行光合作用，全株呈半透明的幽白或淡蓝色。“亭立”的名称形象描述了它茎不分枝、无基生叶、晶莹剔透的特点。水玉簪属原产非洲、东亚和澳大利亚，广东南部有分布。

十字花科亦有一种广布于北温带的一年生或两年生小草本，叫作葶苈。

屈曲（花）｜*Iberis amara*｜十字花科屈曲花属

一年生直立草本；上部叶披针形，下部叶匙形；伞房状总状花序顶生，花被4裂，外两片通常比内两片大，白色至紫色；短角果圆形；初夏开花结果。

屈曲花属属名“*Iberis*”意为“来自伊比利亚半岛的”，种加词“*amara*”是“苦味”的意思。屈曲花英文名为“Candytuft”，与糖果毫无关系，而是从克里特岛（Crete）上最大的城市伊拉克利翁（Iraklion）的旧称干地亚（Candia）演变而来。在中国，屈曲花别名蜂室花、珍珠球。它的小花具典型的十字花科花冠，几十朵聚成圆滚滚的花球，非常惹人喜爱。

续断｜糙苏｜*Phlomis umbrosa*｜唇形科橙花糙苏属

多年生草本；茎四棱形，具浅槽；叶卵形，被短硬毛；轮伞花序，小花冠檐二唇形，紫红色；夏秋开花，秋季结果。

本种种加词“*umbrosa*”意为“阴暗的”。续断别名糙苏、小兰花烟。《本草纲目》中记载：“续断、属折、接骨，皆以功命名也”，说明“续断”以接骨的药用价值而得名。

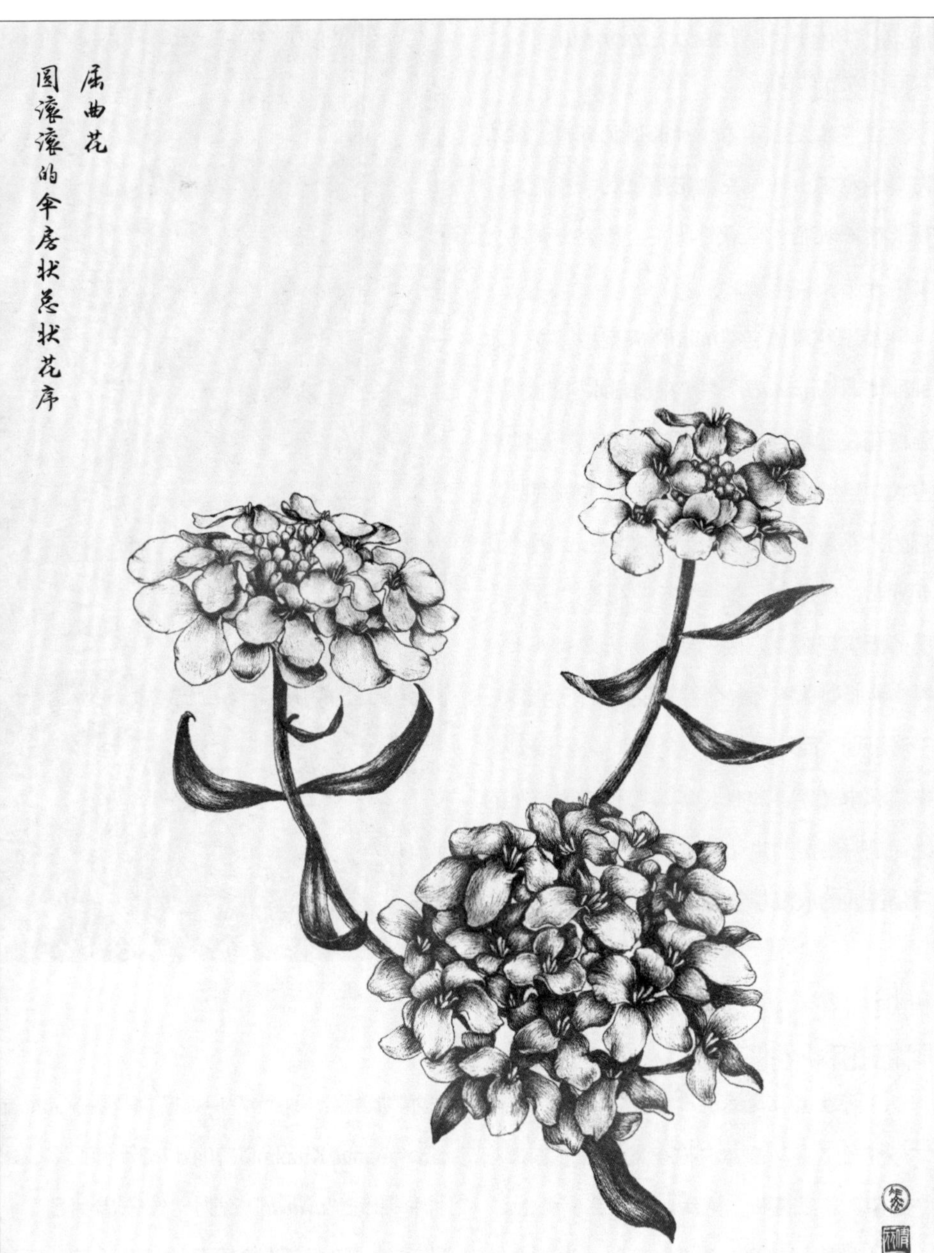
屈曲花
圆滚滚的伞房状总状花序

旋覆（花）｜*Inula japonica*｜菊科旋覆花属

多年生直立草本；叶长圆披针形，常有圆形半抱茎小耳；头状花序组成伞房花序，细长的舌状花包围着管状花，均为金黄色；夏末开花，秋季结果。

旋覆花属属名“*Inula*”来自拉丁文，本种种加词“*japonica*”是“来自日本”的意思。旋覆花在古籍中有很多有趣的别名，反映着古人对自然的观察和想象。根据《本草纲目》，它因“花圆而覆下”得名“旋覆”；因“夏开黄花，盗窃金气也”得名“盗庚[2]”；《广群芳谱》记载，它因“繇花梢头露滴入土，即生新根”得名“滴滴金”；又因“花色金黄，千瓣最细”而叫作“迭罗金。”《百花新咏》中“秋来蔓草莫相侵，露滴花梢满地金”的绝句是对旋覆的生动描述，不过“露滴生花”只是古人的浪漫想象罢了。

火炬花，摄于拉萨罗布林卡。

火炬（花）｜*Kniphofia uvaria*｜阿福花科火把莲属

多年生直立草本；叶丛生，剑形，常在中部开始下垂，基部常抱合成假茎；总状花序密集，花冠筒状，橘红色；蒴果黄褐色。

火把莲属属名“*Kniphofia*”是为纪念德国植物学家约翰·希罗尼穆斯·尼霍夫（Johann Hieronymus Kniphof, 1704-1763）而命名，本种种加词“*uvaria*”意为“像一串葡萄”。花期时，它花序上几百朵橘红色小花从下到上渐次开放，像极了一把熊熊燃烧的火炬。每朵小花一旦受精，便由橙红转为鲜黄，并低垂下来。这是在告诉前来传粉的昆虫，此处已经“打烊”，去别家“就餐”吧。由此看来，火炬花那漂亮的渐变色也是一种优化资源配置的聪明策略。

在南非老家，火炬花喜欢生在高山和沿海地带，到了中国则适应了温暖的环境，生长于疏松肥沃的沙壤土中。

蜡烛（树）｜*Parmentiera cerifera*｜紫葳科蜡烛树属

常绿小乔木，高可达6米；三出复叶对生，小叶卵圆形，表面光亮；花直接单生或簇生于老枝上，花冠钟状，裂片5枚，向后反卷；浆果长圆柱形。

蜡烛树属属名“*Parmentiera*”是为纪念法国植物学家安托万·奥古斯丁·帕尔芒捷（Antoine Augustin Parmentier，1737-1813）而命名，本种种加词“*cerifera*”意为“表面有蜡的”，描述其果皮蜡质、光滑的特点。

蜡烛树的浆果形如蜡烛，长可达60厘米，含有约60%的油脂。在墨西哥，人们把它当做水果或腌成酱菜食用。晒干后的蜡烛树果实可直接点燃，火焰明亮无烟，的确能当蜡烛使用。

蜡烛树原产巴拿马地区，世界各地的植物园有栽培。

剪秋罗｜*Lychnis fulgens*｜石竹科剪秋罗属

多年生直立草本，全株被柔毛；叶卵状披针形；二歧聚伞花序，花瓣5枚，深红色，顶端具缺裂，两侧各有一枚尖尖的小裂片，像流苏一样点缀着花朵；夏季开花结果。

剪秋罗属属名“*Lychnis*”意为“灯”，本种种加词“*fulgens*”意为“光彩夺目的”。“剪秋罗”因花形别致，又在秋天盛开而得名。《广群芳谱》载：“剪秋罗，一名汉宫秋，色深红，花瓣分数岐，尖峭可爱，八月间开”。《闲情偶寄》把剪秋罗和绣球并举，称“他种之巧，纯用天工，此则诈施人力，似肖尘世所为而为者”。

报岁兰｜墨兰｜*Cymbidium sinense*｜兰科兰属

地生草本；假鳞茎卵球形，叶带形，暗绿色；总状花序，花暗紫色，具浅色唇瓣，香气浓郁；花瓣近狭卵形，唇瓣浅3裂，侧裂片和中裂片具乳突状短柔毛，边缘略波状；

蒴果狭椭圆形；花期秋季至次年初春。

兰属属名“*Cymbidium*”是希腊语中“船”的意思，描述其唇瓣的形状。本种种加词“*sinensis*”意为“中国的”。报岁兰产我国南方，生林下或水边湿润荫蔽处。东南亚、日本亦有分布。

冬青｜*Ilex chinensis*｜冬青科冬青属

常绿乔木，高可达13米；小枝具细棱，叶痕新月状凸起；叶椭圆至披针形，边缘具圆齿，有光泽；花冠淡紫色，辐状，花瓣反折；果红色球状；春季开花，秋季结果。

“冬青”因常绿、耐寒而得名，别名冻青、万年枝等。《本草纲目》载：“冬月青翠，故名冬青”。冬青在旱季开花，民间有谚，“黄梅雨未过，冬青花未破；冬青花已开，黄梅便不来”。

冬青属的植物并不全是常绿的，比如原产北美的轮生冬青（*Ilex verticillata*）就是一种落叶灌木。图片摄于布鲁克林植物园。

夏枯（草）｜*Prunella vulgaris*｜唇形科夏枯草属

多年生草本；叶卵状长圆形，先端钝，边缘具浅齿或近全缘；苞片心形，浅紫色；轮伞花序组成穗状花序，小花蓝紫色，二唇形；春季开花，秋季结果。

夏枯草属属名原本应为“*Brunella*”，可能因林奈的错误拼写而成为“*Prunella*”并沿用至今[3]。植物学家认为，“*Brunella*”来自德语中的“扁桃体”（die Braüne）一词，因人们曾用这种植物来治疗扁桃体疾病而得名。夏枯别名夕句、铁色草、牛低头、羊蹄尖、金疮小草、丝线吊铜钟等。《野菜赞》记载，夏枯“生秋经冬，入夏即枯”。它还有“自愈草（self-heal）”“治伤草（woundwort）”“大地之心（heart-of-the-earth）”“木匠草（carpenter's herb）”等英文名。

雪光｜*Chionodoxa forbesii*｜天门冬科雪百合属

多年生草本；叶基生，阔线形；花冠星

雪光花，摄于美国伊萨卡市。

状辐形，6裂，裂片长圆披针形，基部联合成管状，裂片蓝色，花心白色；六枚扁平带状花丝聚成桶状；早春开花。

雪百合属属名“*Chionodoxa*”由希腊语中的“雪（Chiono）”和“光荣（doxa）”二词构成，描述其总在早春积雪初融时绽放的习性。本种种加词“*forbesii*”是为纪念美国植物学家查尔斯·诺伊斯·福布斯（Charles Noyes Forbes，1883-1920）而命名。福布斯是一名少年成名却英年早逝的植物学家。早在上大学四年级的时候，他就在加州发现了一种新的柏木属植物（*Hesperocyparis forbesii*，现已被归入美洲柏木属）。从二十五岁直到去世，他一直在夏威夷岛担任毕肖普自然博物馆（Bishop Museum）年轻的馆长，曾多次前往周边岛屿探险、采集植物，由他命名或为纪念他而命名的植物达数十种。

雪光花原产地中海沿岸。北美亦有分布。

玲珑草｜台湾半蒴苣苔｜*Hemiboea bicornuta*｜苦苣苔科半蒴苣苔属

多年生草本；茎具4棱，带紫褐色斑点；叶对生，倒披针形，稍肉质，边缘具浅齿；聚伞花序假顶生或腋生，花冠漏斗状筒形，白色具紫斑，檐部二唇形；蒴果线状披针形；秋季开花结果。

本种种加词“*bicornuta*”意为“具两角的”。台湾半蒴苣苔别名角桐草、玲珑草，产中国台湾。日本亦有分布。

雨久（花）｜*Monochoria korsakowii*｜雨久花科雨久花属

直立水生草本；叶基生，宽卵状心形，叶柄有时膨大成囊状，基部抱茎；总状花序

雨久花

顶生，椭圆形花瓣6枚，雄蕊6枚，其中5枚花药黄色，较小，另一枚花药蓝色，略大；蒴果长卵圆形；夏末开花，初秋结果。

雨久花喜湿，生于池塘、湖沼、溪沟、稻田岸边的浅水处，农家常用作家禽、家畜的饲料，原产东亚。

逍遥竹｜徐长卿｜ *Cynanchum paniculatum* ｜夹竹桃科鹅绒藤属

多年生直立草本；茎不分枝；叶对生，披针形至线形，两端锐尖；圆锥状聚伞花序腋内生，花冠黄绿色，辐状5深裂，副花冠亦5裂，柱头五角形；蓇葖果单生，披针形；春夏开花，秋季结果。

鹅绒藤属属名“*Cynanchum*”是希腊语中“扼杀狗”的意思，形容属内植物毒性大的特点，本种种加词“*paniculatum*”意为“圆锥花序的”。徐长卿别名鬼督邮、别仙踪、尖刀儿苗、铜锣草、了刁竹、线香草、牙蛀消、土细辛、逍遥竹、对节莲等。《本草纲目》记载，这种草因常常被一个叫作徐长卿的郎中用来治疗邪病，因此得名。

徐长卿广布我国南北多省。日本、朝鲜亦有分布。

（北）重楼｜ *Paris verticillata* ｜藜芦科重楼属

多年生草本，茎细长直立；披针形叶片轮生；外轮花被片（萼片）4-5枚，绿色，倒卵状披针形，内轮花被片（花瓣）黄绿色，线状；子房近球形，紫褐色，花柱4-5分枝向外反卷；蒴果浆果状；春季开花，夏秋结果。

重楼属属名“*Paris*”来自希腊语中“parisos”一词，意为“平衡、均等”，本种种加词“*verticillata*”是“轮生”的意思。重楼属植物的各种结构，如叶片、萼片、花瓣、花柱都是辐射对称，不愧为“均等之花”。

北重楼产于我国南北多省。朝鲜、日本和俄罗斯亦有分布。

含羞（草）｜ *Mimosa pudica* ｜豆科含羞草属

亚灌木状草本；茎具下弯钩刺；二回羽状复叶，小叶线状长圆形；头状花序圆球形，小花淡红色钟状，裂片4；荚果长圆形，荚缘波状，被刺毛；花果期春季至秋季。

含羞草属的属名“*mimosa*”来自希腊语的“mimos”，指属内许多植物的叶敏感、可动的特征，本种种加词“*pudica*”是害羞的意思。含羞草的英文名有“死后生

含羞草一个多毛的变种，摄于布鲁克林植物园。

（morivivi）”和“勿摸我（touch-me-not）”。《植物名实图考》中称含羞草为“呼喝草”和“惧内草”，说它“前翕后开，草木中之灵异者也”。

含羞草草如其名，它的叶片会在风吹雨打或人为刺激之下，从尖端向内顺次收拢。这是因为含羞草的叶柄和小叶基部有一种膨大的结构，名叫“叶枕”，其中充盈的水分在植株受到刺激时会迅速流失，使叶片无力支持而下垂。

含羞草全草有弱毒，其含有的含羞草碱可以引起脱发。

虞美人｜百般娇｜ *Papaver rhoeas* ｜罂粟科罂粟属

一年生直立草本，全株被刚毛；叶互生，披针形，羽状分裂；单花顶生，紫红色花瓣4枚，基部常有深紫色斑点，花丝紫红色，花药黄色，子房上位，倒卵形；蒴果宽卵形；花果期春季至秋季。

罂粟属植物一向“毒”名远播。其实，本属植物中除了罂粟（*Papaver somniferum*）之外，大多不能提取毒品成分。“罂粟”因蒴果内盛满粟米一样的种子，形似盛粮食的罂瓶而得名。在欧美，罂粟种子是一种常见的香料，常撒在面包上，和我们撒在烧饼上的芝麻差不多。

本种种加词“*Rhoeas*”是希腊语中“红色”的意思。虞美人别名百般娇、蝴蝶满园春、锦被花等。传说虞姬自尽时，鲜血涌出染红了虞美人草，才让它花色如此鲜艳。古人对此题咏不绝，辛弃疾也曾写下“至今草木忆英雄，唱着虞兮当日曲，便舞春风”这样的句子。

覆闾｜菴闾｜ *Artemisia keiskeana* ｜菊科蒿属

半灌木状草本，茎多数，常成丛；叶倒卵形，边缘具浅锯齿，花期叶萎谢；头状花序组成圆锥花序，小花只有管状花；花果期8-11月。

蒿属属名“*Artemisia*”来自古希腊神话中的月亮女神阿耳忒弥斯（Artemis）。

《本草纲目》记载，“覆闾”因老茎可以用来做覆盖房屋的材料而得名，别名菴闾、庵蔄等。诗经里，“呦呦鹿鸣，食野之苹”中的“苹”和“彼采萧兮，一日不见，如三秋兮”中的“萧”指的都是覆闾。然而蒿属植物种类芜杂，极易混淆，很多古书中记载的“覆闾”或许并非同一物种。

覆闾产我国北方，日本、朝鲜、俄罗斯均有分布。

无心（菜）｜ *Arenaria serpyllifolia* ｜石竹科无心菜属

一年生或二年生草本；茎丛生、多节；叶卵形；萼片5枚，披针形；聚伞花序，花瓣5枚，倒卵形，白色；雄蕊10，花柱3；蒴果卵圆形；夏季开花，夏末结果。

无心菜属属名“*Arenaria*”来自拉丁文单词“arena”，是沙子的意思，以其多栖息于沙地而得名，本种种加词“*serpyllifolia*”是“叶似百里香”的意思。无心菜又名蚤缀、鹅不食草等，广泛分布于世界各温带地区。

刘寄奴｜ *Artemisia verlotorum* ｜菊科蒿属

多年生草本，气味芳香；茎多单生，具纵棱；叶宽卵形，一至二回羽状全裂；头状花序组成穗状或圆锥花序，管状花冠紫色；瘦果倒卵形；花果期7-10月。

李延寿在《南史》中记载了一个传说：宋高祖刘裕小名叫寄奴，曾在寒微之时割草，路遇大蛇，用箭将其射伤。第二天，刘裕听到捣药声，循声而往，见几名青衣童子在榛树林中捣药，便问怎么回事。童子答道：我家主人被刘寄奴射伤了，正在敷药。寄奴心想，这主人怕不是蛇仙吧，便问：你主人为何不杀了刘寄奴？童子又答：主人说刘寄奴是未来的国君，不可杀。刘裕将那草药带回家，发现是药到病除的金疮药，于是后人就称这种草为刘寄奴。其实刘寄奴的确有一些消炎止血的作用，只是没有传说中这么神奇罢了。

刘寄奴又叫作南艾蒿、白蒿、大青蒿、

歌绿怀兰小金鱼一样的花朵

苦蒿、紫蒿、红陈艾等，广泛分布于世界各温带、亚热带和热带地区。

歌绿怀兰｜歌绿斑叶兰｜*Goodyera seikoomontana*｜兰科斑叶兰属

地生草本；叶长圆状卵形；总状花序，花绿色，中萼片与花瓣黏合呈兜状，具3脉，椭圆形侧萼片后张，具3脉，唇瓣亦呈兜状，内具密腺毛；花期2月。

兰属属名“*Goodyera*”是为纪念17世纪英国植物学家约翰·古德伊尔（John Goodyer，1592-1664）而命名。他最大的贡献是与托马斯·约翰逊（Thomas Johnson，1595？-1644）一起修订了约翰·杰勒德（John Gerard，1545-1612）的植物志，并翻译了古罗马名医迪奥斯克里德斯（Dioscorides）的拉丁语巨著《药物论》（*De Materia Medica*）。

歌绿怀兰别名歌绿斑叶兰、新港山斑叶兰，产中国台湾南部。它的绿色花朵大而奇异，卵形中萼片与花瓣组成了一个小兜，椭圆形的侧萼片向后伸张，唇瓣也形成一个小囊，看上去像一条探头呼吸的金鱼儿。

（花格）贝母｜*Fritillaria meleagris*｜百合科贝母属

多年生直立草本；茎不分枝；叶对生或上部互生；单花顶生，具叶状苞片，花冠钟形，紫红色，上有明显浅色格纹，每枚被片基部均有一凹陷的蜜腺窝；蒴果棱上有宽翅；春季开花。

贝母属属名“*Fritillaria*”来自拉丁文，意为骰子盒，本种种加词“*meleagris*”意为“斑点似珍珠鸡”，两者都是在描述其花冠上的斑纹。《本草纲目》中记载，“贝母”因“形似聚贝子”而得名。花格贝母的花梗在花期通常低垂，悬挂着钟形的花朵，像一条低头颔首的蛇，其英文名“蛇头花（snake's

暗紫贝母（*Fritillaria unibracteata*），摄于青海年保玉则。

花格贝母，摄于美国费城。

皇冠贝母（*Fritillaria imperialis*），摄于美国康奈尔大学校园。

head）”可能就是因此而来。但受精后，它的花梗便逐渐直立，把结出的果实高高托起。

花格贝母原产欧洲和西亚，是克罗地亚的国花，常栽培于园圃中，野生种群在多地面临濒危。

江边一碗水｜南方山荷叶｜*Diphylleia sinensis*｜小檗科山荷叶属

多年生草本；叶盾状着生，肾状圆形，边缘浅裂或波状；聚伞花序顶生，萼片和花瓣各6枚，都分内外两轮，花瓣白色；成熟浆果蓝黑色球状；春季开花，夏季结果。

山荷叶属属名“*Diphylleia*”是希腊语“两片叶”的意思。传说中，这种植物因其荷叶状的叶片里可盛满雨水、露水，为行路人止渴而得名。

江边一碗水与七叶一枝花、头顶一颗珠、文王一支笔合称“神农架四大名药”，不知它们药效如何，听起来倒像一个威风凛凛的偶像组合。

日本也有一种山荷叶属的植物，花瓣在雨后会变得透明，仿佛水晶一样晶莹剔透。其实是因为雨水打伤了花瓣，使细胞液之间浸透水，因而消除了反射面导致的。

绛花醉鱼（草）｜大叶醉鱼草｜*Buddleja davidii*｜玄参科醉鱼草属

灌木，密被白色绒毛；小枝略呈四棱形；叶对生，狭卵形，边缘有细锯齿；总状、圆锥状聚伞花序顶生，花冠淡紫色，喉部橙黄色，花冠管细长，裂片近圆形；春夏开花，秋季结果。

为纪念英国植物学家亚当·巴德（Adam Buddle，1662-1715），林奈将醉鱼草属命名为“*Buddleja*”。本种种加词“*davidii*”来自首次描述这一物种的法国传教士、动物学家、植物学家谭卫道（Père Armand David，1826-1900）。谭卫道曾在中国传教二十余年，发现并收集了大量动植物，还是第一位发现熊猫是中国特有物种的科学家。

大叶醉鱼草又名绛花醉鱼草、白壶子。“醉鱼”一名因其毒性而得，过去渔民曾用它捕鱼，《本草纲目》载，“渔人采花及叶以毒鱼，尽圉圉而死”。它的英文名有“蝴蝶木（butterfly bush）”和“橙眼睛（orange eye）”，后者描述了大叶醉鱼草喉部橙黄色的特征。

苹婆｜ *Sterculia monosperma* ｜锦葵科苹婆属

乔木，树皮褐黑色；单叶，椭圆形，有时掌状裂；圆锥花序，小花无花冠，花萼钟形，淡红色，5裂，裂片条状披针形，尖头内曲，顶端黏合；蓇葖果鲜红色；春季开花。

苹婆属属名“*Sterculia*”来自古罗马厕所之神或粪肥之神斯忒耳枯利乌斯（Sterculius），本种种加词“*monosperma*”意为“单个种子的”。苹婆别名凤眼果、七姐果、九层皮、罗望子。

苹婆虽无花冠，但花萼造型别致，五条披针形裂片内曲黏合，形成一个个镂空小灯笼，散发出奶油味的香气。秋天，熟透的红色蓇葖果从中间裂开，露出黑褐油亮的种子，如凤眼一般。佛教比喻中也用苹婆比喻丹唇。

苹婆产我国华南地区，在广东习俗中是七姐诞的祭品，所以叫作七姐果。苹婆的种仁可食，煮熟后软糯香甜，味如栗子，可惜结实太少。广州一带的人也用苹婆叶包粽子。苹婆耐涝不耐旱，故有“晴天芒果，落雨苹婆”的俗语。

头顶一颗珠｜延龄草｜ *Trillium tschonoskii* ｜藜芦科延龄草属

多年生草本；茎丛生，不分枝；叶3枚轮生于枝顶，菱状圆形，近无柄；花单生叶轮中央，6枚离生被片排成2轮，外轮被片绿色，内轮被片白色；浆果圆球形，黑紫色；春季开花，夏季结果。

延龄草属属名“*Trillium*”源自拉丁文中的“三”，因为它的各个部位都是三数的：3枚等大的轮生叶片、3枚叶子状的外轮花被片、3枚花瓣状的内轮花被片、6枚雌蕊、3室的子房。

延龄草产我国西藏、云南、四川、陕西、甘肃等地，生于林下或山谷阴湿处。中亚、印度、朝鲜和日本亦有分布。

贰 Moments 晨昏

榉对梣，栗对榛，子午对黄昏
坡露对岩风，夕雾对山芬
半边月，九朵云，霜柱对雪轮
木通千层须，茵陈百脉根
万年青贯月忍冬，百日红迎阳报春
岛生新月，可爱瑶山七姐妹
道孚景天，勿忘韶关大将军

榉树 | *Zelkova serrata* | 榆科榉属

乔木，高可达30米；树皮灰白色，不规则片状剥落，新枝紫褐色；叶卵形，先端渐尖，边缘有圆齿；雄花6~7裂，雌花4~5裂；核果淡绿色；春季开花，秋季结果。

本种种加词“*serrata*”意为“有锯齿的”。《本草纲目》记载，“榉”因“其树高举，其木如柳”而得名。榉树别名鸡油树、光光榆、马柳光树等。

榉树，摄于布鲁克林植物园。

（小叶）梣｜*Fraxinus bungeana*｜木樨科梣属

落叶乔木；叶对生，奇数羽状复叶，小叶卵形，边缘具锯齿；花小，圆锥花序，花萼钟状，花冠4裂，裂片线形，白色至淡黄色，早落或退化；翅果匙状长圆形；春季开花，夏秋结果。

梣属属名“*Fraxinus*”源自希腊语中的“phrasso（围篱）”，本种种加词来自俄国植物学家亚历山大·冯·邦吉，小叶梣在1831年由他发现和命名。

小叶梣产于我国北方阳坡土壤或岩石缝隙中。

栗｜*Castanea mollissima*｜壳斗科栗属

乔木，高可达20米；叶椭圆至长圆形，常不对称；穗状花序；坚果外覆壳斗，上有长短不一的刺。

本种种加词“*mollissima*”的意思是“柔软的”。

栗广布中国南北各地的山区，在中国最少已经有两千五百年的栽培历史。《诗经》中《山有枢》一篇便有“山有漆，隰有栗，子有酒食，何不日鼓瑟”的句子，意思是说“山里有漆树，沟里有栗树，你有美酒佳肴，何不每天弹琴唱曲，活得潇潇洒洒呢？”

板栗和榛子在古代都作为粮食食用，在古籍中常常并提。《农政全书》中写道：“辽东榛子，军行食，乏当粮。榛之功不亚于栗也。”《左传》中有“妇人之挚，椇榛脯脩枣栗”，意思是榛、栗和枣在当时是送礼的佳品。

榛｜*Corylus heterophylla*｜桦木科榛属

灌木或小乔木，高1~7米；树皮灰色，小枝黄褐色，密被短柔毛；叶宽倒卵形，顶端凹缺或截形，基部心形，两侧有时不对称，边缘具不规则重锯齿；花单性，雌雄同株；坚果近球形。

本种种加词“*heterophylla*”是“叶不对称”的意思。

土耳其榛（*Corylus colurna*），摄于康奈尔大学。

榛在中国的食用历史已有六千多年。陕西半坡村遗址中发现的大量榛子壳表明，榛子可能是中国人食用最久的干果。榛喜干耐寒，能够在贫瘠荒凉的野外茁壮生长，因此也常常用来形容环境荒芜。《大雅》中有“榛楛济济，一曰芜也”，贾宝玉用“荆棘蓬榛”来形容荒地，都是这个原因。

榛产于我国北方的山坡灌丛中。日本、俄罗斯、蒙古国亦有分布。

子午花｜*Pentapetes phoenicea*｜锦葵科午时花属

一年生草本，被稀疏星状柔毛；叶长条状披针形；花生于叶腋，披针形萼片5，红色广倒卵形花瓣5，舌状退化雄蕊5，每枚都与3枚真正的雄蕊互生。

午时花属属名“*Pentapetes*”在希腊语中是“五片花瓣”的意思，本种种加词“*phoenicea*”意为“紫毛的”。子午花别名“夜落金钱花”。《花镜》载：“夜落金钱一名子午花，午间开花，子时自落”。“夜落金钱”描述了这种花的特点——艳丽的花朵常整个脱落，而“子午花”这个名称描述了它独特的开花时间。其他别名还有毘尸花、剪金花等。

子午花原产亚洲热带地区。

黄昏｜四叶重楼｜*Paris quadrifolia*｜藜芦科重楼属

多年生草本，根状茎匍匐，叶4枚轮生；外轮花被片狭披针形，内轮花被片线形，黄绿色，与叶同数，雄蕊8枚，子房呈紫红色球形；浆果状蒴果。

本种的种加词“*quadrifolia*”意为“四片叶子的”。《本草纲目》记载，四叶重楼别名黄昏、牡蒙、旱藕、王孙。四叶重楼广泛分布于欧洲和亚洲温带地区。

坡露｜细子龙｜*Amesiodendron chinense*｜无患子科细子龙属

常绿乔木，树皮近平滑；偶数羽状复叶，小叶长圆形，顶端骤尖，两侧稍不对称，边缘波浪状，边缘具深割锯齿；聚伞圆锥花序，花单性或杂性，雌雄同株，小花白色花瓣5枚，有短爪；蒴果3爿。

细子龙别名坡露、莺歌木，产我国华南地区。东南亚亦有分布。它的木材坚硬厚实，耐腐蚀、虫蛀，可用于制造船舶、桥梁、家具等。种子有毒。

子午花

岩风｜长虫七｜ *Libanotis buchtormensis* ｜伞形科岩风属

多年生亚灌木状草本，根茎粗壮；茎有条棱和纵沟，光滑无毛；叶二回羽状全裂或三回羽状深裂；复伞形花序，小花白色；分生果卵形。

岩风产我国西北和西南地区。

夕雾｜疗喉草｜ *Trachelium caeruleum* ｜桔梗科疗喉草属

多年生草本，基部常木质化；卵形单叶，具锯齿；伞房花序，花冠淡紫色，雌蕊显著长于花瓣。

疗喉草属属名“*trachelium*”源自希腊文的“脖颈”一词，本种种加词“*caeruleum*”意为“深蓝色”。中文译名“夕雾”来自日语，描述它伞房花序团团簇簇，小花的花柱纷纷探出花冠，远看似雾般氤氲的样子。

夕雾原产地中海地区，但已在世界其他地区引种归化。

山芬[4]｜白朮｜ *Atractylodes macrocephala* ｜菊科苍术属

多年生草本；茎直立，光滑无毛；叶羽状全裂；头状花序单生茎顶，苞叶针刺状全裂，总苞片9~10层覆瓦状排列；小花紫红色，冠檐5深裂；瘦果倒圆锥状，有羽毛状冠毛。

苍术属属名“*Atractylodes*”来自希腊语，意为“似纺锤的”，本种种加词“*macrocephala*”意为“大头”。白术别名山姜、山芬、马蓟、乞力伽等，产我国东南地区。

半边月｜木绣球｜ *Weigela japonica var. sinica* ｜忍冬科锦带花属

落叶灌木；叶长卵形，先端渐尖，边缘具锯齿；单花或聚伞花序，花冠钟状漏斗形，5裂，花开后由白色逐渐变红，柱头圆盘状伸出花冠；蒴果圆柱形。

锦带花属属名“*Weigela*”是为纪念德国植物学家冯·魏格尔（Christian Ehrenfried von Weigel，1748-1831）而命名。半边月别名空疏、杨栌，产我国南部省区山坡林下、山顶灌丛等地。

九朵云｜铁筷子｜ *Helleborus niger* ｜毛茛科铁筷子属

多年生常绿草本；叶革质，鸡足状；花顶生，椭圆形萼片5枚，白色，花瓣反倒不起眼，呈淡黄绿色漏斗形；蓇葖果。

铁筷子属属名“*Helleborus*”可能是希腊语中“鹿食”的意思。“铁筷子”因茎干色如铁，且质地坚韧而得名，别名黑毛七、九百棒、见春花、九龙丹、九朵云、小桃儿七等。铁筷子原产希腊、土耳其，因在冬末夏初开放，又有“圣诞玫瑰（Lenten rose）”的英文名。

铁筷子的花朵看似有五片花瓣，其实这些美丽的瓣片并不是花瓣，而是萼片。它真正的花瓣已经变态为杯状的蜜腺，生长在萼片的基部。

铁筷子，摄于布鲁克林植物园。

(中华) 霜柱｜中华香简草｜*Keiskea sinensis*｜唇形科香简草属

草本；茎带紫色，上部四棱形；叶卵形，先端渐尖，边缘具锯齿；总状花序，花萼钟形，5裂，花冠白色，冠檐近二唇形，喉部密布髯毛，4枚雄蕊和丝状花柱伸出花冠；小坚果近球形。

香简草属属名“*Keiskea*”是为纪念日本现代植物学之父伊藤圭介（Keisuke Ito，1803-1901）而命名，本种种加词是“来自中国”的意思。中华香简草产我国东南地区。

(矮) 雪轮｜*Silene pendula*｜石竹科蝇子草属

一年或二年生草本，全株被柔毛；叶卵状披针形；单歧聚伞花序，倒卵形花萼略膨大，上有微凸起的淡紫色纵脉，5枚倒心形淡红色花瓣；蒴果卵状锥形。

蝇子草属属名“*Silene*”源自古希腊神话中掌管森林的神祇之一西乐努斯（Silenus），本种种加词“*pendula*”是“悬垂”的意思。矮雪轮别名大蔓樱草、小町草，原产欧洲南部，我国有栽培。

木通｜*Akebia quinata*｜木通科木通属

落叶木质藤本，茎灰褐色，上有小而凸起的圆孔；掌状复叶互生，小叶5，倒卵形；总状花序腋生，无花瓣，通常有3枚形似花瓣的紫红色萼片，雌花雄蕊退化，柱头盾状，而雄花心皮退化；蓇突果肉质长圆形。

本种种加词“*quinata*”是“有五瓣”的意思。木通别名通草、附支、丁翁、万年藤、预知子等。《本草纲目》中记载，“木通”因“有细细孔，两头皆通”而得名。在英文中，木通又叫作“巧克力藤（chocolate vine）”。

木通产我国长江流域各省。日本、朝鲜亦有分布。

木通

千层须｜萝藦｜*Metaplexis japonica*｜夹竹桃科萝藦属

多年生草质藤本，具乳汁；叶对生，卵状心形；聚伞花序腋生，花冠白色有淡紫红色斑纹，裂片披针形，顶端反折，副花冠合生于合蕊冠上，兜状裂片5，雄蕊连生成圆锥状，包裹雌蕊；蓇突纺锤状，种子带白色绢毛。

诗经有“芄兰之支，童子佩觿”，其中“芄兰”便是萝藦。萝藦的纺锤状蓇突果内装满了带着白色绢毛的种子，因此还有个可爱的名字叫作婆婆针线包。它分布于我国南北多省。日本、朝鲜、俄罗斯亦有分布。

萝藦，摄于北京大学。

茵陈（蒿）｜绒蒿｜

Artemisia capillaris ｜菊科蒿属

半灌木状草本，香气浓烈；茎红褐色，具不显著纵棱；叶卵圆形，二至三回羽状全裂，基部常半抱茎；卵球形头状花序再组成圆锥花序，管状花，子房退化；瘦果长卵形。

《本草纲目》中记载，“茵陈”因“经冬不死，更因旧苗而生”而得名。茵陈产全国各地低海拔河岸、路旁及低山坡。日本、东南亚、俄罗斯亦有分布。

百脉根｜牛角花｜

Lotus corniculatus ｜豆科百脉根属

多年生草本；茎丛生，近四棱形；羽状复叶，斜卵形小叶 5 枚，密被黄色柔毛；伞形花序，花冠蝶形，金色；荚果线状圆柱形。

百脉根属属名“*Lotus*”源于希腊语的“莲花”，本种种加词“*corniculatus*”意为“具小角”。当百脉根结果后，伞形花序中的每朵小花都结出一个线形的长荚果，形如鸟足。而百脉根的复叶虽有 5 枚小叶，基部一对却离顶端 3 枚较远，生得也较小，因此，欧洲人叫它“鸟足三叶草（bird-feet trefoil）”“鸡蛋和培根（eggs and bacon）”和“宝宝拖鞋（baby's slipper）”。

百脉根产我国南北多省。欧洲、北非亦有分布。

百脉根

万年青｜ *Rohdea japonica* ｜百合科万年青属

多年生草本；叶矩圆披针形，纵脉明显凸起；穗状花序密生多花，花冠淡黄色，球状钟形；浆果熟时红色。

万年青属属名“*Rohdea*”是为纪念德国植物学家迈克尔·罗德（Michael Rohde，1782-1812）而命名。罗德在二十九岁的年纪便英年早逝，却永远地和这种寓意长寿的植物联系在了一起，以另一种方式成为了不朽，不失为一种植物学的浪漫。

万年青产我国南方，寓意吉祥。《花镜》记载，“吴中人家多用之，造屋易居，行聘治圹，小儿初生，一切喜事，无不用之。”

贯月忍冬｜穿叶忍冬｜ *Lonicera sempervirens* ｜忍冬科忍冬属

常绿藤本；叶宽卵形，顶端钝圆，常具短尖头，小枝顶端的1~2对叶基部相连，形如满月；花轮生，花冠细长漏斗形，外面橘黄色，里面鲜黄色；果实红色。

忍冬属属名“*Lonicera*”是为纪念德国植物学家、作家亚当·劳尼泽尔（Adam Lonitzer，1528-1586）而命名。忍冬属的英文名叫作“吸蜜（honeysuckle）”，因为属内植物管状的花冠中往往贮存着甜美的花蜜。本种种加词“*sempervirens*”是“常青”的意思。贯月忍冬原产北美，我国亦有栽培。

百日红｜青葙，鸡冠花｜ *Celosia cristata* ｜苋科青葙属

一年生草本；茎直立，有分枝；叶卵形，绿中带红；穗状花序，极多的红色小花密生，呈扁平肉质鸡冠状。

青葙属属名“*Celosia*”在古希腊语中是“燃烧”之意，本种种加词“*cristata*”意为“有鸡冠的”。

百日红的样子太过生动，在各种语言和文明中都常被称作“鸡冠”。古人为它写下了很多咏物诗，如唐代杨万里的“出墙那得丈高鸡，只露红冠隔锦衣”，宋代赵企的“精采十分佯欲动，五更只欠一声嚱”，更有元人姚文奂，把鸡冠花比作归来后血迹犹新的斗鸡，“五陵斗罢归来后，独立秋亭血未干”。

我们常用作市政绿化的那种花朵更为肥厚的鸡冠花，其实是青葙的缀化品种。

青葙，摄于布鲁克林植物园。

迎阳报春 | *Primula oreodoxa* | 报春花科报春花属

多年生草本；叶矩圆形，边缘具三角形锯齿，两侧被柔毛；伞形花序，花萼阔钟状，裂片具小齿；花冠桃红色，喉部具环状附属物，5枚卵圆形裂片，先端常分裂；蒴果球形。

报春花属属名“*Primula*”是“最初（绽放）”的意思，和中文名“报春”异曲同工，本种种加词“*oreodoxa*”意为“高山的荣耀”。迎阳报春产四川。

岛生新月（蕨） | 变叶新月蕨 | *Pronephrium insularis* | 金星蕨科新月蕨属

土生中型蕨类植物，根状茎细长匍匐，密被披针形鳞片；叶远生，三角形，叶脉形似新月。

本种种加词“*insularis*”意为“岛生的”。岛生新月蕨产亚洲热带地区。

可爱（黍） | *Panicum amoenum* | 禾本科黍属

多年生草本，叶片线形，坚硬；圆锥花序，颖草质，外稃黄白色有光泽。

本种种加词“*amoenum*”意为“令人愉悦的”。可爱（黍）产云南西双版纳。东南亚亦有分布。

瑶山七姐妹 | 瑶山野木瓜 | *Stauntonia yaoshanensis* | 木通科野木瓜属

常绿木质大藤本；小枝具纵浅纹；掌状复叶，网脉密集；雌雄同株，花瓣退化消失，萼片淡黄有紫色条纹，形似肉质花瓣。

野木瓜属属名“*Stauntonia*”是为纪念18世纪英国访华使团副使乔治·伦纳德·斯当东男爵（Sir George Leonard Staunton，1737-1801）而命名，是他将瑶山野木瓜带回了英国。1793年，英国访华使团出使中国，名义上是为庆贺乾隆八十岁大寿，实为试探清廷通商意向。其间，斯当东男爵将沿途见闻辑成了《英使谒见乾隆纪实》（*An Authentic Account of and Embassy from the King of Great Britain to the Emperor of China*）一书，成为研究清朝中期历史的重要史料。

瑶山野木瓜产广西大瑶山地区的山地疏林中。

道孚景天 | *Sedum glaebosum* | 景天科景天属

多年生草本；不育茎形成密丛，花茎常单生；叶卵形至线状披针形；密伞房状花序，花瓣黄色长圆形；种子有狭翅。

景天属属名“*Sedum*”是“坐”的意思。道孚景天模式标本采自四川道孚，青海、西藏亦有分布。

勿忘（草） | *Myosotis sylvatica* | 紫草科勿忘草属

勿忘草，摄于伊萨卡。

多年生草本；茎直立，疏生卷毛；叶长圆披针形；镰状聚伞花序，花冠蓝色，圆形裂片 5，喉部具黄色附属物；小坚果卵形。

勿忘草属属名“*Myosotis*”意为“鼠耳朵”，描述其叶子的形态，本种种加词“*sylvatica*”是森林的意思。勿忘草产我国各地山地林缘或山谷草地。欧洲及中亚亦有分布。

韶关大将军 | 线萼山梗菜 | *Lobelia melliana* | 桔梗科半边莲属

多年生草本；叶螺旋状排列，镰状披针形，弯向一侧，边缘具睫毛状小齿；总状花序，花萼裂片长线形，花冠白色至淡红色，檐部近二唇形，上唇有 2 枚窄条形裂片，形如鸟儿展翼；蒴果近球形。

半边莲属属名“*Lobelia*”是为纪念 16 世纪比利时植物学家马蒂亚斯·德罗贝（Mathias de L'Obel，1538-1616）而命名。他是第一位发现双子叶植物和单子叶植物区别的植物学家。线萼山梗菜产我国南部省份低湿处。

线萼山梗菜

靛对棕，麦对芒，地锦对山姜

蓝果对橙桑，绿萼对素方

四海波，千里光，紫柳对赤杨

凌霄落霜红，向阳过路黄

盂兰君子墓头回，端午旅人高山望

单行贯众，白首乌独山金足

王不留行，朱顶红多脉青风

靛｜木蓝｜*Indigofera tinctoria*｜豆科木蓝属

亚灌木；茎直立，幼枝扭曲有棱，被白毛；奇数羽状复叶，倒卵形小叶对生；总状花序，花萼钟形，5裂，花冠蝶形，红黄色；荚果线形。

木蓝属属名“*Indigofera*”意为“有靛蓝的”，本种种加词“*tinctoria*”是“用于制染料”的意思。靛又称槐蓝、水蓝。《本草纲目》记载了南人用靛制染料的方法：“掘地作坑，以蓝浸水一宿，入锻石搅至千下，澄去水，则青黑色”。

木蓝广泛分布于亚洲、非洲热带地区，并引进热带美洲。

木蓝，摄于布鲁克林植物园。

(油)棕 | *Elaeis guineensis* | 棕榈科油棕属

直立乔木状，高可达10米；羽状全裂叶片簇生茎顶，羽片线状披针形，向外折叠；花雌雄同株异序，雄花序穗状，雌花序近头状；果实橙红色卵球形。

油棕属属名“*Eliaeis*”在希腊语中是“油”的意思，本种种加词“*guineensis*”意为“来自几内亚”。油棕原产非洲热带地区，亚洲热带地区有栽培，是重要的食用和工业用油料作物。

(小)麦 | *Triticum aestivum* | 禾本科小麦属

一年生或越年生草本；茎中空；叶条状披针形；穗状花序，硬直，有芒或无芒；胚乳粉质或角质。

本种种加词“*aestivum*”是“夏天”的意思。《说文解字》记载，麦因“麦，芒谷，秋种厚埋”而得名。小麦也作“麳（来）”。《诗经·周颂》“贻我来牟，帝命率育”中，“来”指的便是小麦。

作为一种异源六倍体植物，小麦的基因体现着自然进化和人类驯化的痕迹。约12900年以前，美索不达米亚地区的居民为了适应气候变化，先后驯化了一粒小麦（*T. monococcum*）及其与山羊草属植物拟山羊草（*Aegilops speltoides*）杂交出的四倍体植物二粒小麦（*T. turgidum*）。约四千年后，这种二粒小麦又偶然与另一种植物——节节麦（*Aegilops tauschii*）杂交，形成了现在广泛种植的六倍体小麦[5]。公元前三千年左右，小麦沿河西走廊等通道进入中国，在唐、宋后逐渐成为北方人的主食。

芒 | *Miscanthus sinensis* | 禾本科芒属

多年生草本；秆高1~2米；叶片线形；圆锥花序直立，小穗披针形，黄色有光泽；颖果长圆形，暗紫色。

芒属属名“*Miscanthus*”由希腊语中的“梗（Misthos）”和“花（anthos）”组合而来，本种种加词意为“中国的”。芒别名杜荣、芭茅等，产我国南方各省。日本、朝鲜亦有分布。

地锦 | 常春藤 | *Parthenocissus tricuspidata* | 葡萄科地锦属

落叶藤本，枝条粗壮，卷须短，分枝先端多具黏性吸盘；叶掌状；聚伞花序，花瓣

5枚，子房上位；浆果蓝黑色球形。

本种种加词“*tricuspidata*”意为“三脉的”。常春藤别名地锦、土鼓等。它的吸盘在接触到墙壁时可以分泌碳酸钙，同时变大变扁，把藤身牢牢吸附在墙面上，不会穿透墙面伤害建筑。若想去除墙面上的常春藤，只需从根部砍断，待藤身养分断绝，便自然而然脱离掉落。美国由8所顶尖大学组成的“常春藤盟校”，名字中说到的便是这一物种。

除了葡萄科的地锦外，大戟科也有一种一年生小草本叫作地锦（*Euphorbia humifusa*）。

葡萄科的地锦，分别摄于美国亚特兰大市和康奈尔大学校园。

山姜｜*Alpinia japonica*｜姜科山姜属

多年生草本；叶互生，倒披针形；顶生总状花序，密被绒毛，花萼圆筒状，花白色，具红色脉纹，顶端2裂；果实球形，熟时橙红色。

山姜属属名“*Alpinia*”是为纪念16世纪意大利植物学家普罗斯彼罗·阿尔皮诺（Prospero Alpino，1553-1617）而命名，他曾旅行至埃及研究植物，是最早发现植物有性别之分的植物学家之一。

山姜别名美草，不仅花美，茎叶也被古人作蔬菜食用。刘禹锡曾作五言诗，明赞山姜花，暗抒不受赏识之恨。在他笔下，山姜花是“采从碧海上，来自谪仙家”的超尘之物，“静摇扶桑日，艳对瀛洲霞”，然而一旦“传名入帝里”，只成了“贵人滋齿牙”的无关紧要的菜蔬。人的际遇有时也是如此。

（多花）蓝果树｜*Nyssa sylvatica*｜山茱萸科蓝果树属

落叶乔木，高9~15米；单叶互生，倒卵形，先端钝尖，夏天深绿油亮，秋天鲜红；花杂性，雌雄异株，伞形或总状花序；核果矩圆形，深蓝色。

蓝果树属属名“*Nyssa*”来自希腊语中的一位水中女神，本种种加词是“林生”的意思。到了秋天，多花蓝果树的叶片会由油绿转黄、橙，最后变得鲜红，同时结出深蓝色的果实，叶色美丽丰富有层次。多花蓝果树分布在南亚和北美，我国罕有栽培。

多花蓝果树，摄于康奈尔大学校园。

橙桑｜ *Maclura pomifera* ｜桑科橙桑属

落叶乔木，高可达20米，树皮黄褐色，具深沟槽；枝条有圆形皮孔，具刺；叶卵圆形；雄花圆锥花序，雌花头状花序；聚花果肉质球状，成熟时黄色，有香味。

橙桑属属名“*Maclura*”是为纪念19世纪“美国地质学之父”威廉·麦克卢尔(William Maclure，1763-1840) 而命名，本种种加词意为“结果实的”。法国殖民者刚登陆到北美时，曾见到土著居民使用橙桑树的木材来制作弓,因此给它起名叫“弓木(bow-wood)”。

橙桑原产美洲，国内有栽培。橙桑果形似网球，曾听说有个网球场边种有一株橙桑树，每至果期，球场打出的网球总掉入一地的果子中，然后便再也找不到了。

掉落在地上的橙桑果实，摄于康奈尔大学校园。

绿萼（梅）| *Armeniaca mume* var. *mume* f. *viridicalyx* | 蔷薇科杏属

小乔木，高 4~10 米；树皮浅灰色，平滑；叶卵形，边缘具小锯齿；花单生，香味浓郁，先叶开放，花梗短，花萼绿色，花冠碟形，倒卵形白色花瓣；果实近球形，黄色，味酸。

绿萼梅在全球各地均有栽培，日本、朝鲜亦有。古人好梅，把花白蒂绿的绿萼梅引为佳品。

素方（花）| 素馨 | *Jasminum officinale* | 木樨科素馨属

攀缘灌木；叶对生，羽状深裂或复叶，小枝基部常有不裂单叶，小叶卵形；聚伞花序顶生，苞片线形，花萼细杯状，花冠白中带红，裂片常5枚，先端有短尖头，花柱异长；浆果球形，成熟后紫红色。

素馨属属名“*Jasminum*”来自波斯语中“茉莉”一词。素馨别名素方、耶悉茗、野悉蜜，都是波斯语的音译。

素馨原产中亚地区。晋代《南方草木状》记载，素馨和茉莉都由胡人“自西国移植于南海，南人怜其芳香，竞植之”。宋以后，广东人开始大规模种植素馨，南宋《全芳备祖》中提到，“广州城西九里曰花田，尽栽茉莉及素馨”。明末《广东新语》记载，素馨花期将至之际，珠江南岸花商大批收购花朵，由手艺人穿成花灯、璎珞，售入千家万户，“城内外买者万家，富者以斗斛，贫者以升”。入夜，洁白馥郁的花朵在月色中绽放，女子头髻上的花苞也袅袅而开，至凋谢仍有余香。粤人还用铜丝串连素馨花制成“素馨灯”“结为鸾凤诸形，或作流苏，宝带葳蕤，间以朱槿”，其形“雕玉镂冰，玲珑四照”，令人遐思无限。

四海波 | *Rhododendron simsii* ‘Sihaibo’ | 杜鹃花科杜鹃花属

常绿灌木；低矮粗壮，分枝多；叶集生枝端，卵形，先端短渐尖，边缘微反卷；总状花序顶生，花萼5深裂，边缘具睫毛，花形、花色富于变化，重瓣，白色间以玫瑰色、鲜红色斑点；蒴果卵球形。

杜鹃花属属名“*Rhododendron*”在古希腊语中是“似玫瑰树”的意思。四海波是原产东亚地区的杜鹃花经欧美园艺家杂交得到的一个园艺品种，华丽多变，极富观赏价值。

四海波，摄于华南植物园。

紫柳｜ *Salix wilsonii* ｜杨柳科柳属

落叶乔木，高可达13米；叶椭圆形，先端急尖，幼叶、幼枝常发红；花叶同出，葇荑花序，雄花序略长；蒴果卵状长圆形。

本种种加词来自20世纪英国植物采集者、探险家恩斯特·亨利·威尔逊（Ernest Henry Wilson，1876-1930）。他曾游历亚洲，将两千余种亚洲植物引入欧洲，其中就包括前文提到的绛花醉鱼草。因他在引进中国植物方面作出的杰出贡献，威尔逊也被人称作“中国”·威尔逊。

紫柳产我国东南地区。

千里光｜ *Senecio scandens* ｜菊科千里光属

多年生攀缘草本；茎多分枝；叶卵状披针形，顶端渐尖，边缘具浅齿或羽状浅裂；头状花序有多数管状花和黄色长圆形舌状花，在顶端排成聚伞圆锥花序；瘦果圆柱形，具白色冠毛。

千里光属属名“*Senecio*”是拉丁文中“老人”的意思，或指果实毛茸茸的样子，本种种加词“*scandens*”意为“蔓生的”。千里光别名九里明、蔓黄莞，产我国南北各地林下、灌丛。东南亚、日本亦有分布。

赤杨｜柽柳｜ *Tamarix chinensis* ｜柽柳科柽柳属

落叶灌木或小乔木；茎多分枝，枝条纤弱下垂，红紫色或淡棕色；叶互生，无柄，卵状披针形，退化成鳞片；总状花序，两性花，花瓣5，淡红色；蒴果狭小，先端具毛。

《本草纲目》记载，柽柳能感应天气变化，“天之将雨，柽先知之”，因此叫作“雨师”，因“得雨则垂垂如丝”得名“雨丝”，又因观音手持它的树枝洒水而叫作“观音柳”。柽柳产我国南北多省，耐盐碱。

（厚萼）凌霄｜*Campsis radicans*｜紫葳科凌霄属

落叶木质藤本，以气生根攀附；奇数羽状复叶，卵形小叶对生，边缘具粗齿，基部不对称；疏散圆锥花序顶生，花萼5裂，裂片卵状三角形；花冠内面鲜红色，外面橙黄色，圆形裂片5；蒴果室背开裂。

凌霄属属名“*Campsis*”是希腊语中“弯曲”的意思，本种种加词“*radicans*”意为“辐状的”。《广群芳谱》记载了凌霄诸多别名，有紫葳、陵苕、黄华、女葳、茇华、武威、瞿陵、鬼目等。《诗经·小雅》“苕之华，芸其黄矣”中的“苕”指的便是凌霄。白居易瞧不上凌霄，说它“朝为拂云花，暮为委地樵”，陆游却怜它“古来豪杰人少知，昂霄耸壑宁自期”。

厚萼凌霄原产美洲，我国南北各省，东南亚、中亚地区亦有栽培。中国自己也有一种土生土长的凌霄（*Campsis grandiflora*）。

厚萼凌霄，摄于中国科学院植物研究所植物园。

落霜红｜硬毛冬青｜*Ilex serrata*｜冬青科冬青属

落叶灌木；树皮灰色；叶椭圆形，先端渐尖，边缘密生尖锯齿，两面沿脉密生长硬毛；聚伞花序单生叶腋；浆果状核果成熟时红色。

本种种加词“*serrata*”是“具锯齿”的意思。硬毛冬青又名落霜红，产我国东南地区。日本亦有分布。

向阳花｜牛膝菊｜*Galinsoga parviflora*｜菊科牛膝菊属

一年生草本，被短柔毛；叶对生，卵形；头状花序组成伞房花序，白色舌状花4-5枚，顶端3齿裂，管状花黄色，下被稠密白色短柔毛；瘦果三棱，黑褐色。

牛膝菊属属名“*Galinsoga*”是为纪念18世纪西班牙女王御医、马德里皇家植物园园长伊格纳西奥·德加林索加（Ignacio Mariano Martinez de Galinsoga，1756-1797）而命名，本种种加词“*parviflora*”是“小花”的意思。

牛膝菊别名向阳花、辣子花、铜锤草。《本草纲目》中记载，“牛膝”因“其茎有节，似牛膝”而得名，别名“百倍”暗指其强劲的滋补功效。在英国，牛膝菊也叫作“英勇的士兵（gallant soldiers）”。

牛膝菊原产秘鲁，最初由英国邱园引进，后逸生到英国和爱尔兰，现在我国归化。

牛膝菊，摄于美国纽黑文市。

斑点过路黄，摄于纽黑文。

(斑点) 过路黄｜*Lysimachia punctata*｜报春花科珍珠菜属

多年生草本；叶对生，卵形；花成对密生叶腋，花萼5，线形，花被5，黄色，倒宽卵状披针形，花丝下半部合生成筒；叶、萼、花冠、果具黑色腺点；蒴果球形。

珍珠菜属属名“*Lysimachia*”源自马其顿国王亚历山大大帝的近卫官及“继业者”利西马科斯（Lysimachus），相传他曾用珍珠菜属植物来安抚疯牛。本种种加词“*punctata*”是“具斑点”的意思。

盂兰｜*Lecanorchis japonica*｜兰科盂兰属

腐生草本；茎纤细，果期由白色变黑；总状花序顶生，花白色半透明，离生萼片形似花瓣，唇瓣基部有爪，边缘与蕊柱合生成管，侧裂片半卵形，中裂片宽椭圆形，边缘波浪状有缺裂；蒴果圆筒形。

盂兰属属名“*Lecanorchis*”是希腊语中“盆地兰花”之意。盂兰产我国福建和湖南。日本、朝鲜、新几内亚地区亦有分布。

盂兰

君子（兰）| *Clivia miniata* | 石蒜科君子兰属

多年生草本；基生叶带状，深绿色，下部较窄；伞形花序多花，花直立向上，鲜红色宽漏斗形，内面略带黄色，内外轮花被各3枚，外轮被片顶端微凸，内轮被片顶端微凹；浆果紫红色宽卵形。

君子兰属属名“*Clivia*”是为纪念英国诺森伯兰郡公爵夫人夏洛特·弗洛朗蒂亚·克莱弗（Lady Charlotte Florentia Clive，1787-1866）而命名，她曾是英国女王维多利亚名义上的监护人。克莱弗公爵夫人出生在植物世家，本人也是狂热的爱好者，是在英国本土成功栽培君子兰至开花的第一人。本种种加词“*miniata*”是“红色”的意思。

君子兰原产非洲南部，世界各地均有栽培。

君子兰，摄于布鲁克林植物园。

墓头回 | *Patrinia heterophylla* | 忍冬科败酱属

多年生草本；根状茎横走；茎直立，被倒生伏毛；基生叶丛生，具长柄，边缘具圆齿或羽状分裂，茎生叶对生；伞房状聚伞花序顶生，花冠钟形，黄色；瘦果常倒卵形，带有翅状果苞。

败酱属属名“*Patrinia*”是为纪念法国矿物学家、博物学家欧仁·帕瑞（Eugène Louis Melchior Patrin，1742-1815）而命名，本种种加词“*heterophylla*”意为“异叶的”。根据《本草纲目》，墓头回可治妇人大出血之症，起效甚快，故此得名。

端午（艾）| 魁蒿 | *Artemisia princeps* | 菊科蒿属

魁蒿是多年生草本；茎紫褐色，具明显纵棱；叶一至二回羽状深裂，具长柄；分枝上生总状花序，茎上生圆锥花序，花有雌花和两性花两种，花冠狭管状，黄色；瘦果椭圆形。

本种种加词“*princeps*”是“特殊、出众”的意思。魁蒿别名端午艾、王侯艾、五月艾等，产我国南北多省。日本、朝鲜亦有分布。

旅人（蕉）| *Ravenala madagascariensis* | 芭蕉科旅人蕉属

高大草本，在原产地可高达 30 米；叶 2 列排列于茎顶，叶片长圆形，长达 2 米；花序腋生，佛焰苞内，5-12 朵花排成蝎尾状聚伞花序；蒴果 3 瓣裂，被蓝色撕裂状假种皮。

旅人蕉属属名“*Ravenala*”源自马达加斯加语，意为“森林的叶子”，种加词是“来自马达加斯加”的意思。旅人蕉原产非洲，我国热带地区多有栽培。

高山望 | 赤杨叶 | *Alniphyllum fortunei* | 安息香科赤杨叶属

落叶乔木，高 15~20 米；树皮灰褐色，有不规则细纵皱纹；叶椭圆形，先端急尖，边缘具疏齿，两面疏生绒毛；总状或圆锥花序，花白色至粉红色，花冠钟状 5 深裂；蒴果长圆形。

赤杨叶属属名“*Alniphyllum*”是“叶似桤木”的意思，本种种加词“*fortunei*”是为纪念苏格兰园艺家、旅华植物采集者罗伯特·福琼（Robert Fortune, 1813-1880）而命名。赤杨叶别名红皮岭麻、高山望、冬瓜木、鹿食、豆渣树、白花盏、白苍木等。

《南京条约》签订后，英国皇家园艺学会派福琼前往中国采集植物。当时中国政府禁止外国商人采购茶树，但福琼不甘心就此罢休。他精研中文，剃发留辫，乔装打扮成一个中国人，想方设法从江浙采集了两万多株茶树苗和近两万枚茶树种子，连同 8 名制茶工一起，从上海运到印度阿萨姆地区，那里如今已是世界上最大的茶叶产区之一。从此中国在茶叶种植和贸易上数百年的垄断被打破，福琼也在西方植物界名声大噪。

1829 年，英国人纳撒尼尔·巴格肖·华德（Nathaniel Bagshaw Ward，1791-1868）发明了华德箱（Ward case）用于长途运输活植物标本。华德箱是一种封闭的玻璃容器，植物在其中可以利用透进来的阳光和土壤中蒸发的水分进行光合作用，生长虽然缓慢，但能存活很长时间。几十年后，福琼正是用华德箱偷走了那两万株茶树。

赤杨叶产我国东南和华南地区的常绿阔叶林中。印度、越南和缅甸亦有分布，是一种轻软致密的木材。

单行贯众 | *Cyrtomium uniseriale* | 鳞毛蕨科贯众属

陆生；根茎直立，密被披针形棕色鳞片；

披针形叶簇生，一回羽状，羽片20~24对互生；孢子囊群位于中脉两侧各成一行，囊群盖圆形盾状。

贯众属属名“*Cyrtomium*”源自希腊语，是“弯曲”的意思。单行贯众产四川、重庆地区的灌木林或竹林中。

白首乌｜*Cynanchum bungei*｜夹竹桃科鹅绒藤属

攀缘性半灌木；块根粗壮；戟形叶对生，两面被粗毛；伞形聚伞花序腋生；花冠白色，裂片长圆形，副花冠5深裂，裂片披针形，内有舌片；披针形蓇突果单生或双生，种子有白色绢毛。

本种种加词同前文提到的楸和梣一样，来自俄国植物学家亚历山大·冯·邦吉。白首乌产我国北方。朝鲜亦有分布。

独山金足（草） | *Goldfussia seguini* | 爵床科金足草属

多年生草本或灌木，植株光滑无毛，直立，茎节膨大；卵形叶片不等大，顶端渐尖，边缘具圆齿；穗状花序，花对生或互生，花冠淡蓝紫色漏斗状，5 裂。

金足草属属名"*Goldfussia*"是"金色的脚"的意思。独山金足草产贵州兴义，现已归入圆苞金足草（*Goldfussia pentstemenoides*）。

王不留行 | 女娄菜 | *Silene aprica* | 石竹科蝇子草属

一年生或二年生草本，全株密被灰色短柔毛；叶倒披针形，顶端急尖；圆锥花序较大型，花萼膨大钟形，具绿色纵脉，花瓣 5，白色或淡红色，倒披针形，2 裂；副花冠片 5 枚，舌状；蒴果卵形；花果期夏季。

本种种加词"*aprica*"是"喜爱阳光"的意思。女娄菜又名王不留行，产我国大部分省区。朝鲜、日本、蒙古国、俄罗斯亦有分布。

朱顶红 | *Hippeastrum rutilum* | 石蒜科朱顶红属

多年生草本；鳞茎近球形，并有匍匐枝；带形叶开花后抽出；花茎中空，具白粉；花硕大漏斗状，长圆形鲜红色花被片 6 枚，2 轮排列；雄蕊 6，柱头 6；蒴果球形，顶端 3 瓣开裂。

朱顶红属属名"*Hippeastrum*"在希腊语中是"骑士之星"的意思，本种种加词"*rutilum*"意为"金红色"。朱顶红原产巴西，我国各地均引种作观赏花。

多脉青冈 | *Cyclobalanopsis multinervis* | 壳斗科青冈属

常绿乔木，高 12 米，树皮黑褐色；叶长椭圆形，顶端突尖，上部有锯齿，侧脉多而明显；小苞片合生成数条同心环带；杯形壳斗包裹坚果下部，果脐平坦，翌年成熟。

本种种加词"*multinervis*"意为"多脉的"。多脉青冈产我国东南地区。

菟对茑，椴对栾，鼠李对马钱
鹰爪对狼毒，翠雀对乌鸢
打蛇棒，钓鱼竿，黄鳝对碧蝉
九子不离母，五虎下西山
狮子滚球龙吐珠，锦鸡舞草鹤望兰
荒漠石头，蜘蛛抱蛋一代宗
粗枝崖摩，蝴蝶戏珠追风散

菟（丝子）｜*Cuscuta chinensis*｜旋花科菟丝子属

一年生寄生草本；茎缠绕，黄色，纤细；叶退化为鳞片状；伞形花序侧生，花冠白色壶状；蒴果球形。

菟丝子属属名“*Cuscuta*”来自阿拉伯语。菟丝子在我国各地又叫作黄丝、豆寄生、豆阎王、龙须子、金丝藤、无娘藤、雷真子、禅真、女萝、玉女、唐蒙、火焰草、野狐丝等。中国古代常将松萝和菟丝子两种攀缘植物混为一谈，将它们都叫作女萝，只不过“在木为女萝，在草为菟丝”。《古诗十九首》用“与君为新婚，菟丝附女萝”来形容新婚夫妻之缠绵。菟丝子还有“乞丐草(beggarweed)”“淑女蕾丝（lady's laces）”“巫师网（wizard's net）”“鬼假发（devil's ringlet）”等生动形象的英文名。

菟丝子的种子可有长达5年的休眠期，但退化子叶中所含营养物质较少，一旦萌发只能生存5至10天，于是找寄主便成了迫在眉睫的死生大计。它通过“感知”化学信号来寻找附近含糖量较高的植物，一旦攀附上去，便将“吸器”刺入宿主的茎。随后，它自己的根则功成身退，慢慢枯萎。

菟丝子分布于我国北方多省。

缠绕在荆条上的菟丝子，摄于北京昌平山区。

茑（萝）｜*Quamoclit pennata*｜旋花科茑萝属

一年生草本；茎柔弱缠绕；叶互生，羽状细裂；聚伞花序腋生，萼片5，椭圆形，稍不等长，花冠高脚碟状，深红色，筒部稍膨大，檐部5深裂，裂片三角形，似五角星；蒴果卵形。

本种种加词“*pennata*”意思是“羽状的”，描述其叶子的形状。茑萝别名茑萝松、翠翎草。

沈复在《浮生六记》中曾记述与妻子芸娘的一则乐事。他们在宜兴窑方盆中叠放宣州石做假山，石上种植茑萝。到了深秋，假山上爬满茑萝，像满悬藤萝的石壁。他们想象着在其间游玩，讨论何处宜设水阁，何处宜立茅亭，何处又适合凿下“落花流水之间”几个大字。真是一对“胸有丘壑”的璧人。

茑萝，摄于亚特兰大。

（心叶）椴｜*Tilia cordata*｜锦葵科椴属

落叶乔木，高可达20-40米；树皮灰色，直裂；心形单叶互生，有长柄，无毛，边缘具齿；聚伞花序，花序柄下部与长舌状苞片合生，花小，黄绿色，气味芳香；核果球形。

椴属的属名“*Tilia*”来自拉丁语。有趣的是，植物分类学之父林奈的名字也和椴树有关。在受封贵族之前，林奈名叫卡尔·林奈乌斯（Carl Linnaeus），是家族中第二个有姓氏的人。在当时的瑞典，人们大多按照斯堪的纳维亚传统，在父名后加一个后缀作为自己的姓氏，只有在官方登记的时候才会为自己起一个正式的姓。卡尔的父亲尼尔斯（Nils，1674-1748）在进入瑞典隆德大学（Lund University）的时候，用古瑞典语的“椴树（linn）”一词为自己取了一个姓，并将这个姓氏传给了儿子卡尔。本种种加词“*cordata*”是“心形”的意思。

心叶椴，摄于纽黑文。

心叶椴原产欧洲，我国北方亦有栽培。

栾｜*Koelreuteria paniculata*｜无患子科栾属

落叶乔木；树皮灰褐色，老时纵裂；一回至二回羽状复叶，小叶卵形，边缘具不规则钝锯齿；聚伞圆锥花序，花淡黄色，芬芳，长圆形花瓣4，向外反折，基部开花后变橙红色；蒴果3室，成熟后裂作3枚果皮，分别携种子单飞。

栾属属名“*Koelreuteria*”是为纪念德国植物学家约瑟夫·戈特利布·克尔罗伊特（Joseph Gottlieb Kölreuter，1733-1806）而命名。早在18世纪，克尔罗伊特就开始研究植物的生殖和受精，是最早通过观察和实验发现植物自交不亲和性的科学家。本种种加词“*paniculata*”是“圆锥花序”的意思。

栾树又叫作木乐、乐华。《山海经》记载，“大荒之中，有山名死涂之山，青水穷焉。有云雨之山，有木名曰栾。禹攻云雨，有赤石焉生栾，黄本，赤枝，青叶，群帝焉取药”。18世纪，栾树被引入欧洲和美洲，被那里的人们称作“中国树（China tree）”“印度的骄傲（pride of India）”和“黄金雨（goldenrain）”。

附《栾》诗一首：

绿色拴不住金色的笼头
我们一个不小心
便把自己泼了出来
一边迸落
一边急于剖白自己的心
是红色的
街道或许是，人的镣铐
走的人多了
便只知道在路上走
土地却是我们的天空
也是我们的大洋
我们叹出氧，像放出风筝
我们汲取水，像拉动纤绳
到了秋天，太阳
忙着去照亮另一半
愚蠢的地球，于是
在这里变得冷淡
可在我们红色的心里
早就备好了一串串灯笼

鼠李｜*Rhamnus davurica*｜鼠李科鼠李属

灌木或小乔木，高达10米；小枝近对生，褐红色；叶对生或簇生于小枝，小叶卵圆形，先端突尖，边缘具细锯齿；花单性，雌雄异株，黄绿色，花瓣4-5，短小近无；核果浆果状，成熟后紫黑色。

鼠李属属名“*Rhamnus*”是“有刺的灌木”的意思，本种种加词“*davurica*”意为“来自达斡尔地区”。鼠李别名女儿茶、老鹳眼、臭李子，产我国北方山坡或灌丛。俄罗斯、蒙古国和朝鲜亦有分布。

马钱（子）｜*Strychnos nux-vomica*｜马钱科马钱属

乔木，高5-20米；树皮灰色，具皮孔；叶广卵形，先端急尖；圆锥状聚伞花序腋生，花冠高脚碟状，檐部5裂，白色；浆果球形，熟时橘黄色。

马钱属属名“*Strychnos*”是希腊语中“致命”的意思，表明其毒性，本种种加词“*nux-vomica*”意为“催吐的坚果”。

马钱子别名番木鳖、苦实把豆儿、火失刻把都、苦实、马前、牛眼、大方八等。《本草纲目》记载，“马钱”因“状似马之连钱”

得名，“生回回国”“能毒狗至死”。

鹰爪花 | *Artabotrys hexapetalus* | 番荔枝科鹰爪花属

攀缘灌木；叶互生，长圆披针形；花芳香，淡绿色或淡黄色，长圆状披针形花瓣6，镊合状排列为2轮，稍向内弯；果卵球形群集于果托上。

鹰爪花属属名“*Artabotrys*”意为“悬挂葡萄的”，描述其形似葡萄串的果序，本种种加词“*hexapetalus*”是“六枚花瓣”的意思。鹰爪花别名莺爪。《重修凤山县志》中记载它“初开时，青色不香；到晚时，转黄色，香同菠萝，形似鹰爪”。鹰爪花产我国华南地区。印度和东南亚亦有分布。

狼毒 | *Stellera chamaejasme* | 瑞香科狼毒属

多年生草本；茎直立丛生，不分枝；卵形叶互生，无柄；头状花序顶生，芳香，无花瓣，花萼高脚碟状，檐部5裂，裂片圆形，粉色或白色，筒部紫红色或黄色；果实长圆锥形，被宿存花萼筒包围。

狼毒属属名“*Stellera*”是为纪念18世纪德国植物学家、动物学家、探险家乔治·威廉·斯特勒（Georg Wilhelm Steller，1709-1746）而命名。斯特勒早年搭乘一艘返乡的运兵船来到俄国行医，曾加入维塔斯·白令（Vitus Bering，1681-1741，白令海峡就是以他的名字命名）的探险队，乘狗拉雪橇游历堪察加半岛（Kamchatka Peninsula），还是第一个踏上阿拉斯加土地的欧洲人。

狼毒产我国北方及西南地区的高山草地或河滩台地。俄罗斯西伯利亚地区亦有分布。狼毒有毒，牛羊不食，它的大面积出现是高山草场退化的标志。

狼毒，摄于青海年保玉则。

（高）翠雀花｜*Delphinium elatum* ｜毛茛科翠雀属

多年生草本；叶片圆五角星形，掌状深裂；总状花序，小花具5枚蓝紫色萼片，形似花瓣，上萼片具钻形长距，两枚黑色花瓣生于花蕊和萼片之间，亦有小距藏于萼距中，雄蕊退化为瓣片；蓇突。

翠雀属属名“*Delphinium*”来自希腊语的“海豚（delphin）”一词，本种种加词“*elatum*”意为“高”。翠雀花别名鸽子花、飞燕草、百部草，其英文名叫作“鸟状的距（larkspur）。”

“蒲甘紫”翠雀（*Delphinium elatum* ‘Pagan Purples’），摄于纽黑文。

翠雀又是一种萼片比花瓣还要娇艳显著的植物，它的萼片硕大美丽，还生着纤长飘逸的角状的距，像雀鸟的尾巴一样。真正的花瓣藏在萼片和花蕊中间，把蜜距藏在萼片的长距中，与萼片颜色相同，倒是不太显眼了。

高翠雀花在欧洲至俄罗斯西伯利亚地区一带有分布。

乌鸢｜鸢尾｜*Iris tectorum* ｜鸢尾科鸢尾属

多年生宿根草本；叶基生，剑形，基部鞘状；花蓝紫色，花被6裂，2轮排列，中脉上有不规则的鸡冠状附属物，不整齐繸状裂，花柱蓝紫色，扁平；蒴果长圆形，种子黑褐色。

鸢尾属属名“*Iris*”是希腊语中“彩虹”的意思，本种种加词“*tectorum*”意为“屋顶生”。鸢尾别名乌鸢、紫蝴蝶。它的花有9枚蓝紫色的花瓣状结构，但只有中间的3枚是真正的花被，外轮下垂的3枚虽然点缀着华丽的斑点和条纹，其实是萼片，而内轮扁平翘起的3枚则是花柱。鸢尾的花虽然艳丽，但每朵的寿命只有一天，如彩虹般绚丽而短暂。

鸢尾，摄于北京大学。

打蛇棒｜一把伞南星｜*Arisaema erubescens*｜天南星科天南星属

多年生草本；叶1枚，极少2枚，放射状分裂，裂片披针形，幼时3~4片，老叶可达20片，叶缘波浪状；花序柄短于叶柄，肉穗花序单性，外具绿色佛焰苞，管部圆筒状，檐部三角状卵形，略下弯。

天南星属属名“*Arisaema*”由希腊语中“疆南星属（Arum）”和“血（haima）”两个词组成，本种种加词“*erubescens*”是“红色”的意思。

一把伞南星大多只有一片叶，擎于花梗之上，因此叫作“一把伞”。其他别名还有打蛇棒、都士不礼、刀口药、麻蛇饭、血南星、铁骨伞等，产我国南方林下阴湿地带。印度和东南亚亦有分布。

钓鱼竿｜爬岩红｜*Veronicastrum axillare*｜车前科草灵仙属

多年生草本；茎弓曲，中上部有棱，着地生根，短而横走；叶互生，卵状披针形，边缘具三角形锯齿；穗状花序腋生，筒管状花冠4裂，紫红色，雄蕊伸出花冠外；蒴果卵球状。

草灵仙属属名“*Veronicastrum*”是“像婆婆纳属”的意思，本种种加词“*axillare*”是“叶腋生”的意思。爬岩红别名钓鱼竿、毛叶仙桥、疔疮草等。

黄鳝（藤）｜多花勾儿茶｜*Berchemia floribunda*｜鼠李科勾儿茶属

藤状或直立落叶灌木；幼枝光滑，黄绿

色；卵形叶互生；圆锥花序顶生，花小，多数，粉绿色，花萼5裂，花瓣5片；核果椭圆形，成熟后红色至紫黑色。

本种种加词"*floribunda*"意为"多花的"。多花勾儿茶别名黄鳝藤、牛鼻圈、扁担藤、金刚藤等。《植物名实图考》中记载，"黄鳝藤"一名因其根状茎形如黄鳝而得。

碧蝉｜竹节菜｜ *Commelina diffusa* ｜鸭跖草科鸭跖草属

一年生草本，茎匍匐，节上生根，多分枝；叶披针形；蝎尾状聚伞花序单生于分枝上部叶腋；总苞僧帽状，蓝色花瓣3枚排成蝴蝶状蒴果矩圆状三棱形。

一大片竹节菜花田。就在画完后面这张水彩的第二天，我和男友在佛罗里达的温特黑文市（Winterhaven）驱车旅行，寻找他飞行时看到的美丽湖泊。我们随意停在湖畔，没想到那里有一大片盛开的竹节菜。这些小花是那样不起眼，却认真而自由地开放着。我忍不住俯身亲吻它们。自然总是给我带来太多的惊喜和感动！

鸭跖草属属名"*Commelina*"来自荷兰植物学家约翰·科梅林（Johan Commelin，1629-1692）和卡斯帕·科梅林（Caspar Commelin，1668-1731）叔侄俩，本种种加词"*diffusa*"是"疏散、扩展"的意思。

竹节菜别名碧蝉、翠蝴蝶、翠娥眉、笪竹花、倭青草，《救荒本草》记载，竹节菜"叶似竹叶……就地丛生，撺节似初生嫩苇，节梢叶间开翠碧花，状类蝴蝶""其叶味甜，救饥采嫩苗叶煠熟，油盐调食"。

竹节菜广布于世界热带、亚热带地区，花汁可制作青碧色染料和颜料。

九子不离母｜羊角天麻｜ *Dobinea delavayi* ｜漆树科九子母属

多年生亚灌木状草本；根状茎粗大，紫褐色，茎带紫色，具条纹；单叶互生，卵状心形，边缘具不整齐锯齿；雄花聚伞圆锥花序，有花萼和花瓣，雌花总状花序，无花萼和花瓣。

本种种加词"*delavayi*"是为纪念法国传道士、探险家、植物学家德洛维（Père Jean-Marie Delavay，1834-1895）而命名。德

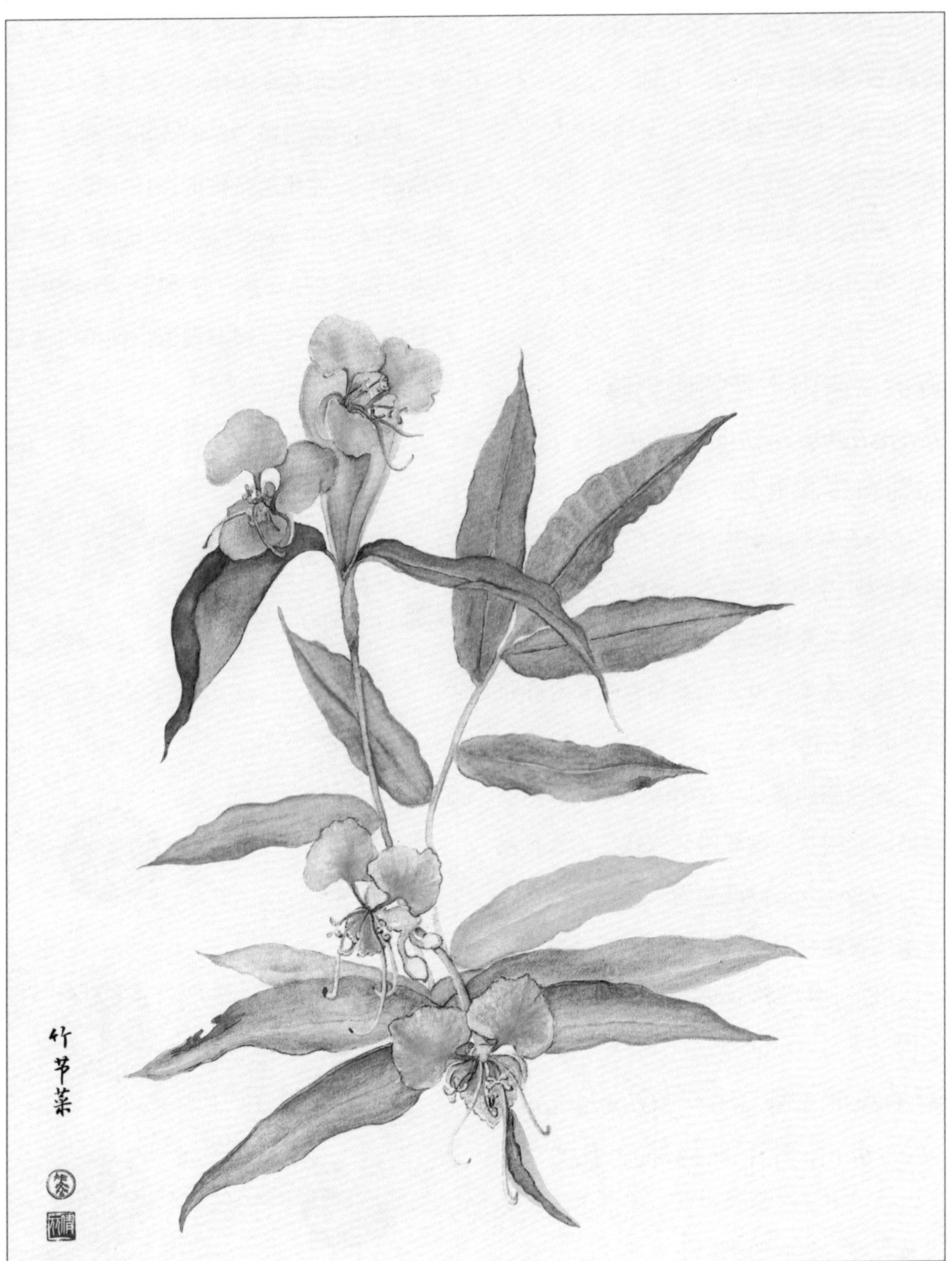
竹节菜

洛维是耶稣会成员，于19世纪被派往中国，先后在广东和云南活动，可能是云南三江并流地区第一位西方探险家，其间采集了大量植物标本。

羊角天麻别名大九股牛、九子不离母，产云南、四川。

五虎下西山｜叉须崖爬藤｜*Tetrastigma hypoglaucum*｜葡萄科崖爬藤属

木质藤本；小枝纤细，有纵裂纹，卷须2分枝；掌状复叶互生，披针形小叶5枚，中间一枚显著较长，边缘有锯齿；伞形花序腋生；浆果球形，成熟后红色，种子上有狭长圆形种脐。

崖爬藤属属名“*Tetrastigma*”源自希腊语的“四”，指其四裂的柱头，本种种加词“*hypoglaucum*”意为“下面灰白色”。叉须崖爬藤别名五虎下西山、五爪藤等，产四川、云南的林下或灌丛。

狮子滚球｜算盘子｜*Glochidion puberum*｜叶下珠科算盘子属

直立灌木；茎多分枝；单叶互生，长圆披针形，网脉明显；小花簇生于叶腋，无花瓣，5~6枚萼片覆瓦状排列；蒴果扁球形，边缘有多条纵沟，成熟时带红色。

算盘子属属名“*Glochidion*”意为“有凸点的”，描述其合生的圆柱状雄蕊，本种种加词“*puberum*”意为“微被柔毛”。算盘子别名狮子滚球、野南瓜、百家桔等，产我国南北多省，果有弱毒，种子可制肥皂和润滑油。

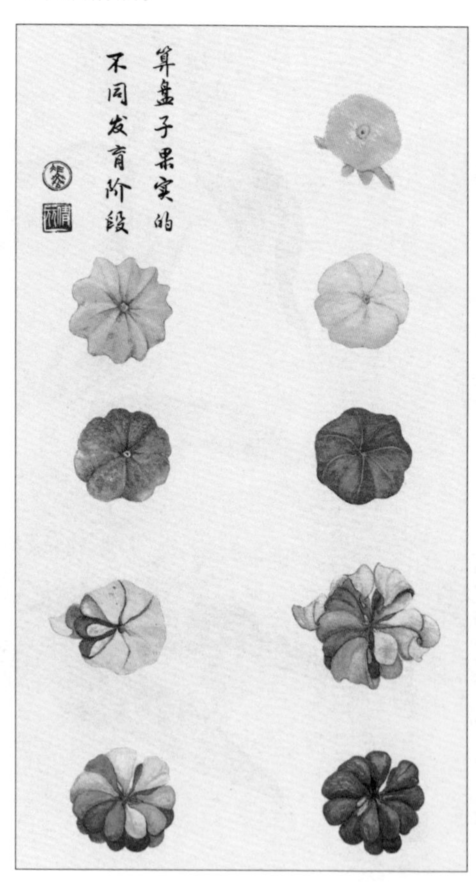

龙吐珠 | *Clerodendrum thomsonae* | 唇形科大青属

攀缘状灌木；叶狭卵状长圆形，先端渐尖；聚伞花序腋生；花萼白色，基部合生，中部膨大，有5棱脊，顶端5深裂，花冠深红色高脚杯状，顶端5裂，雄蕊与柱头同伸出花冠外；核果近球形。

大青属属名“*Clerodendrum*”来自希腊语，是“幸运树”的意思。“龙吐珠”一名形象地道出了这种植物的形态：雪白的花萼中探出红色的花朵，其中又伸出纤细的花蕊，如同口衔赤珠的白龙。

龙吐珠原产西非，我国南方有栽培。

龙吐珠，摄于华南植物园。

（鬼箭）锦鸡（儿） | *Caragana jubata* | 豆科锦鸡儿属

直立或伏地灌木，多分枝；偶数羽状复叶，小叶长圆形，被长柔毛，托叶硬化成针刺，宿存；花梗单生，花冠蝶形，淡紫色至近白色，各瓣均具柄，旗瓣宽卵形，翼瓣、龙骨瓣常具耳；荚果筒状。

锦鸡儿属属名“*Caragana*”源自蒙古语，本种种加词“*jubata*”意为“有冠的”。鬼箭锦鸡儿别名鬼箭愁，产我国北方的山地和林缘。俄罗斯、蒙古国亦有分布。

鬼箭锦鸡儿，摄于北京红螺三险。

舞草 | *Codariocalyx motorius* | 豆科舞草属

直立小灌木；三出复叶，顶生小叶长椭圆形，侧生小叶很小或缺失；圆锥或总状花序，花冠蝶形，紫红色，龙骨瓣具长瓣柄；荚果镰刀形。

舞草草如其名，是一种喜欢“翩翩起舞”的植物。天气暖和的时候，它三出复叶中那两枚不起眼的侧生小叶会以人肉眼可见的速度舞动。这种舞动可并非心血来潮。在亚热带和热带地区的林下，阳光是稀缺的资源。舞草的两枚侧生小叶不断地以椭圆形轨道划动，探测着穿过大树投下的丝缕阳光，一旦找到，便转动较大的顶生小叶去捕捉。因为小叶舞动的周期接近扬旗接力系统（Semaphore line），舞草又有“电报草（telegraph plant）”“旗语草（semaphore plant）”等英文名。

舞草产我国南方。东南亚亦有分布。

鹤望兰 | *Strelitzia reginae* | 鹤望兰科鹤望兰属

多年生草本，无茎；叶长圆状披针形，下半部边缘波状，叶柄细长；肉穗花序，佛焰苞舟状，绿色，边缘紫红，内生花数朵，花萼披针形，橙黄色，3枚花瓣箭头状，深蓝色；蒴果三棱形。

鹤望兰属属名“*Strelitzia*”是为纪念英王乔治三世的夏洛特王后（亦见于前言）而命名，本种种加词“*reginae*”意为“王后的”。鹤望兰也叫作“极乐鸟（bird of paradise）”。

鹤望兰由小型雀类传粉，例如织巢鸟属的南非织巢鸟（*Ploceus capensis*）。为了引来鸟儿，鹤望兰进化出了独特的花冠形状。雀鸟为了吃到蜜管中的花蜜必须找个落脚之处，3枚强健的蓝色花瓣就成了不二之选。一旦鸟儿栖在上面，花瓣便张开，让花粉覆盖在鸟足上，借由它们传播出去。

鹤望兰原产非洲南部，我国南方多有栽培。

鹤望兰，摄于布鲁克林植物园。

荒漠石头（花）｜*Gypsophila desertorum*｜石竹科石头花属

多年生草本，全株被棕色腺毛；茎丛生；叶线状披针形，边缘内卷，叶腋常生不育短枝；二歧聚伞花序，花萼钟形，萼齿边缘白色，花瓣白色，具淡紫色脉纹，倒卵状楔形，顶端微凹；蒴果卵球形。

石头花属属名“*Gypsophila*”在希腊语中是“喜爱石灰岩”之意，道出了本属植物的常见生境，在英文中，本属植物常被称为“婴儿的呼吸（baby’s breath）”。本种种加词“*desertorum*”意为“生在沙漠的”。

荒漠石头花产我国内蒙古地区的荒漠草原。蒙古国、俄罗斯亦有分布。

蜘蛛抱蛋｜*Aspidistra elatior*｜天门冬科蜘蛛抱蛋属

多年生草本；根茎横走；叶基生，矩圆状披针形，边缘皱波状，有时稍具黄白色斑点或条纹，叶柄粗壮；花梗短，近贴地，花被钟状，6~8裂，裂片近三角形，内面深紫色，具肥厚的肉质脊状隆起；浆果球形。

本种种加词“*elatior*”意为“较高的”。蜘蛛抱蛋别名一叶兰，因顽强的生命力而有“铸铁花（cast-iron plant）”的英文名。蜘蛛抱蛋有着独特的传粉策略。它的花贴地而生，甚至半埋入枯枝落叶中，形态和气味都像极了菌类，以吸引蕈蚊来传粉。蜘蛛抱蛋产云南、四川等地。

蜘蛛抱蛋，摄于布鲁克林植物园。

一代宗｜轮叶八宝｜*Hylotelephium verticillatum*｜景天科八宝属

多年生草本；茎直立不分枝；叶4至5枚轮生，长圆状披针形，边缘具整齐疏齿；伞房花序密生于顶，花半球形，花瓣5枚，淡绿色至黄白色；蓇葖种子多数。

八宝属属名“*Hylotelephium*”意为“多汁的植物”。轮叶八宝别名一代宗、还魂草、岩三七等，产我国北方。朝鲜、日本、俄罗斯亦有分布。

粗枝崖摩｜ *Amoora dasyclada* ｜ 楝科崖摩属

乔木，高 8~25 米；奇数羽状复叶，小叶对生，长圆形；圆锥花序腋生，花球形，3 枚花瓣；蒴果椭球形，具肉质假种皮。

本种种加词“*dasyclada*”是“枝条粗糙”的意思。粗枝崖摩产海南、云南等地的山地沟谷或雨林中，是优良木材。

蝴蝶戏珠（花）｜ *Viburnum plicatum* var. *tomentosum* ｜ 五福花科荚蒾属

落叶灌木；小枝黄褐色，四角形，被绒毛；叶椭圆状倒卵形；聚伞花序，外围有 4~6 朵白色不育花，不对称 4~5 裂，内部可育花花冠辐状，黄白色；核果卵圆形，成熟后由红色变黑色。

本种种加词“*plicatum*”意为“褶皱的”，变种加词“*tomentosum*”是“被绒毛”的意思。

蝴蝶戏珠花由外围的不对称可育花和内部小巧的可育花组成，形如其名，像蝴蝶簇拥着一捧明珠。蝴蝶戏珠花有一变种叫作粉团（*Viburnum plicatum*）[6]，其聚伞花序全部由辐射对称的大型白色不育花组成。

蝴蝶戏珠花产我国南北多地的山坡、沟谷地带。日本亦有分布。

追风散｜云南马兜铃｜ *Aristolochia yunnanensis* ｜ 马兜铃科马兜铃属

木质大藤本；叶心形；花单生叶腋，与叶同出，花被管状，中部遽弯，下部囊状，檐部圆盘状，浅 3 裂，裂片阔三角形，外面淡红色，内面暗紫色，间以黑色乳突状小点和明显网脉，表面近平滑；蒴果长圆柱形，6 棱。

马兜铃属属名“*Aristolochia*”在希腊语中有“顺产”之意，表示其帮助分娩的药用价值，本种种加词是“来自云南”的意思。

云南马兜铃产西藏和云南。

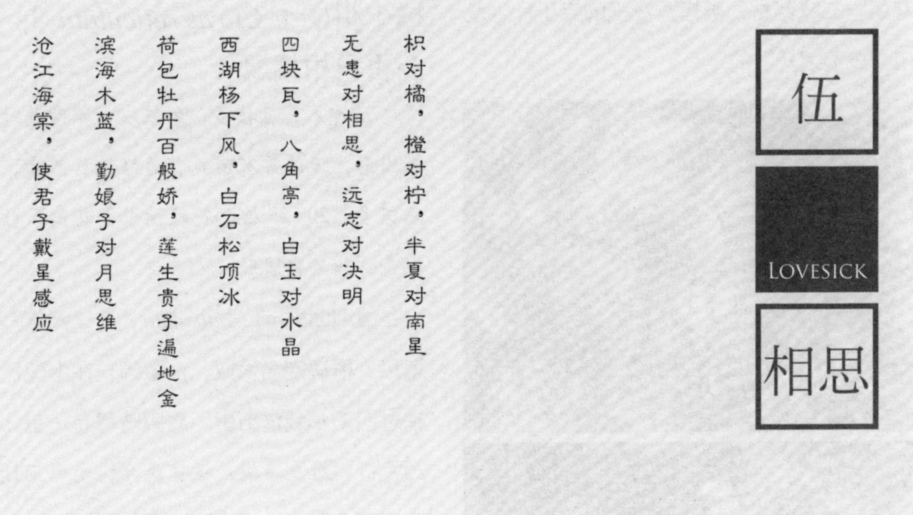

枳 | *Citrus trifoliata* | 芸香科柑橘属

小乔木，高 1-5 米；嫩枝扁，有纵棱，多刺；指状三出复叶，叶柄有狭长翼叶；花单朵或成对腋生，先叶开放，5 枚白色匙形花瓣；柑果近球状，果皮粗糙暗黄色。

柑橘属属名“*Citrus*”来自拉丁文，本种种加词“*trifoliata*”是“三叶”的意思，描述其指状三出的叶片。枳别名枸橘、木蜜、臭橘、臭杞、雀不站、铁篱寨等。《说文解字》记载，“枳”“枸”皆屈曲不伸之意，描述这种植物“多枝而曲，其子亦卷曲”的样子。

《礼记》云，“橘逾淮化枳”，认为橘到了淮河以北变成了枳，其实两者根本就是不同的物种，且枳在淮南也有分布。枳的果实味道酸涩，似浸过松脂的柠檬，不能作为水果食用。果虽难入口，枝却美味，《齐民要术》中提到，“枳，木蜜，枝可食”。枳实是一味中药。《红楼梦》第五十一回“薛小妹新编怀古诗，胡庸医乱用虎狼药”中，晴雯生了病，大夫开出的药方中有“枳实、麻黄”二味药材，被惜香怜玉的宝玉斥为乱用“虎狼之药”的庸医。

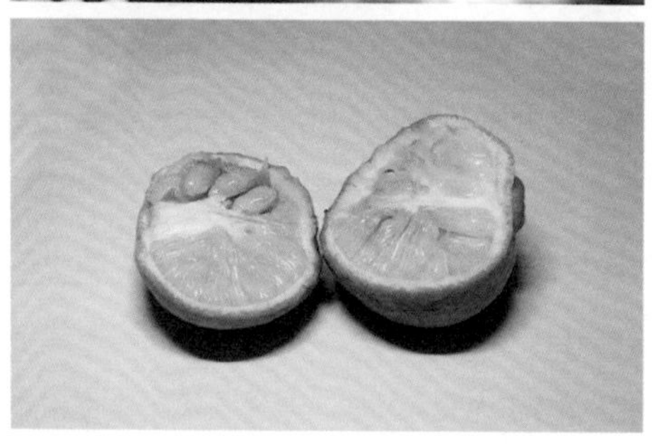

枳，上图摄于中国科学院植物研究所植物园，中、下两图摄于亚特兰大。

橘 | 柑橘 | *Citrus reticulata* | 芸香科柑橘属

小乔木，分枝多，刺较少；单身复叶，椭圆形，顶端常有凹口，边缘常具圆齿；雄蕊极多，20~25 枚，花柱细长，花瓣 5 枚，白色；柑果扁圆形。

本种种加词“*reticulata*”是“网状”的意思。柑橘别名木奴、金宝等，在中国已有超过四千年栽培历史。屈原曾写有一首《橘颂》：“后皇嘉树，橘徕服兮；受命不迁，生南国兮”，说橘生既南国，便不愿迁徙，以表达自己矢志不渝的忠诚。《晏子春秋》中讲到，晏子使楚，楚王请他吃橘子，晏子却连皮一起吃，楚王问缘由，晏子说“臣闻之赐人主前者，瓜桃不削，橘柚不剖”，说自己不是不知道橘子要剥皮，而是不愿失礼，把楚王哄得妥妥帖帖。

柑橘的叶片是单身复叶（unifoliate compound leaf）。这种复叶形态特殊，叶轴顶端具 1 枚发达的小叶，其与叶轴连接处有一明显的关节，两侧小叶退化成翼状。单身复叶在柑橘属的植物很常见。

橙 | 甜橙 | *Citrus sinensis* | 芸香科柑橘属

乔木；枝少刺或近无刺；叶卵形；总状花序有少数花白色，雄蕊20~25枚，花柱粗壮；柑果圆球形，果肉橙黄色。

本种种加词“*sinensis*”是“中国的”的意思。甜橙别名金球、鹄壳，原产我国南方，现在全世界栽培的甜橙种类均源自中国。早在东汉张衡的《南都赋》中，就有“穰橙邓橘”的说法。喜爱美食的东坡常写橙，写下过“西风初作十分凉，喜见新橙透甲香”“一年好景君须记，最是橙黄橘绿时”“金橙纵复里人知，不见鲈鱼价自低”等令人口舌生津的诗句。

中国柠檬（*Citrus* × *limon* 'Meyeri'），一种特殊的柠檬，由原种和一种橘子或柑橘杂交而来。“Meyer”一名是为纪念美国探险家弗兰克·迈耶（Frank Nicholas Meyer，1875-1918）而命名，他在1908年首先发现了这一品种。20世纪初，迈耶前往亚洲为美国农业部搜集植物，由他引入美国的亚洲植物达2500种以上。

柠（檬） | *Citrus limon* | 芸香科柑橘属

常绿小乔木；枝少刺或近无刺，嫩叶及花芽暗紫红色；叶卵形；单花腋生或少花簇生；花瓣外面淡紫红色，内面白色，雄蕊20-25枚，柱头头状；柑果卵形，两端有乳头状突尖，果皮亮黄色。

柠檬原产地可能是印度，我国长江以南多有栽培。

半夏 | *Pinellia ternata* | 天南星科半夏属

多年生小草本；块茎圆球形；一年生叶为单叶，2-3年后为三出复叶；佛焰苞淡绿色，檐部边缘青紫色；肉穗花序，下部为雌花，上部为雄花，花单性，无花被；浆果卵球形，黄绿色。

半夏属属名“*Pinellia*”是为纪念意大利学者、植物学家吉安·文森索·皮内利（Gian Vincenzo Pinellia，1535-1601）而命名，本种种加词“*ternata*”意为“三数的”。半夏别名水玉、稻守田、地文、和姑、燕子尾、地慈姑、洋犁头等，分布于我国大部分内陆地区。

(天) 南星 | *Arisaema* spp. | 天南星科天南星属

多年生草本；具块茎；叶片3裂或更多；佛焰苞绿色或暗紫色；肉穗花序，花单性，雌雄异株，稀同株；浆果倒卵圆形。

天南星属植物形象别致，人们往往把它们筒状的佛焰苞当成是花，而忽视了里面真正的肉穗花序。天南星属植物多分布于亚洲，非洲和北美地区亦有本地种分布。

三叶天南星（*Arisaema triphyllum*），摄于美国康涅狄格州。在北美洲，人们把天南星属植物叫作“Jack-in-the-pulpit”，意为“布道台上的人”，非常形象地描述了躲在佛焰苞内的花序的样子。

无患（子） | *Sapindus saponaria* | 无患子科无患子属

落叶大乔木，高可达20余米；树皮灰褐色，嫩枝绿色；偶数羽状复叶，小叶近对生，长椭圆披针形；圆锥花序顶生，花小，辐射对称，披针形花瓣5，有长爪；蒴果裂为3爿，橙黄色。

无患子属属名“*Sapindus*”是拉丁语“皂”和“印度”的复合词，本种种加词“*saponaria*”，是“含有肥皂”的意思。

无患子别名噤娄、桓、槵、肥珠子、油珠子。根据《广群芳谱》，无患子“为众鬼所畏”，木材被人们制成器物来辟邪，故得“无患”之名。《山海经》中，“秩周之山，其木多桓”的“桓”正是无患子。无患子的种子“正圆如珠”，佛家用来制作经珠，所以又叫菩提子，唐人包何称它“木槵稀难识，沙门种则生；叶殊经写字，子为佛称名”。

无患子产我国东南、西南地区，印度、日本、朝鲜亦有栽培。

相思（子） | *Abrus precatorius* | 豆科相思子属

藤本，全株疏被白毛；茎细弱，多分枝；羽状复叶，小叶对生，近长圆形；总状花序腋生，花冠紫色；荚果长圆形，种子椭圆形，平滑有光泽，三分之二为红色，三分之一为黑色。

相思子属属名“*Abrus*”在希腊语中意为“柔软的”，本种种加词“*precatorius*”是拉丁语“祈祷”的意思。

早在北宋《古今诗话》中，便有“昔有人殁于边，其妻思之，哭于树下而卒，因以名之”的记载。唐代王维“红豆生南国”这一名句，让红豆永远地与爱情联系在了一起。唐人制作骰子时，用红颜料在骰子各个面上画点，或在点数的位置嵌入相思子，因此便有了温庭筠深入人心的诗句：“玲珑骰子安红豆，入骨相思知不知”。明代冯梦龙《情史》云，“古人有血泪事，因呼泪为红豆。相思则流泪，故别名红豆为相思子”，以红豆之形释相思之名。

相思子产我国南方的山地疏林中。种子虽美，但含有剧毒，误食可以致命，真是致命的“相思”之苦。

远志，摄于北京红螺三险。

远志 | *Polygala tenuifolia* | 远志科远志属

多年生草本；茎多数丛生；单叶互生，叶片线形至线状披针形；总状花序扁侧状生于小枝顶端，花萼宿存，外 3 枚线状，里 2 枚花瓣状，蓝紫色花瓣 3 枚，基部与龙骨瓣合生，上具流苏状附属物；蒴果倒心形。

远志属属名“*Polygala*”是“乳汁多”

的意思，因为人们相信牛吃了这种草会产更多的乳汁，本种种加词“*tenuifolia*”意为“细弱”，描述叶片的形态。

远志又名葽绕、蕀莞、线儿茶、小草根、神砂草等，植株虽小，却代表着宏伟的理想。《孙盛杂记》中记载了一个以远志名称为双关语来传达心意的故事。三国时期，曹魏天水郡中郎将姜维归降蜀汉，受到诸葛亮的器重。此时他收到了失散已久的母亲托人捎来的家书，叫他回乡务农。姜维回信说，“良田百顷，不在一亩，但有远志，不在当归也”，意思就是，如果有了良田百亩，多一亩少一亩也没什么关系，一个人有了远大的志向，就不会想着回家了。这句话中，“远志”和“当归”都是植物名，却言简意赅又巧妙地回答了母亲的请求。

远志产我国南北多省，俄罗斯、蒙古国和朝鲜亦有分布。

（双荚）决明 | *Senna bicapsularis* | 豆科决明属

直立灌木；多分枝，无毛；偶数羽状复叶，小叶对生，倒卵形或倒卵状长圆形，顶端圆钝；总状花序腋生，通常2朵聚生，花瓣5枚，鲜黄色，雄蕊10枚，其中3枚退化无花药，其余能育；荚果圆柱状，种子2列。

决明属属名“*Senna*”来自阿拉伯语，本种种加词是“具两枚果荚”的意思。《本草纲目》记载，“决明”因能明目而得名。双荚决明原产美洲热带地区，现广泛分布于全世界热带地区，我国广东、广西有栽培。

双荚决明，摄于深圳。

长穗决明（*Senna didymobotrya*），摄于布鲁克林植物园。

四块瓦｜宽叶金粟兰｜*Chloranthus henryi*｜金粟兰科金粟兰属

多年生草本；茎直立，多节；叶通常4片轮生于茎上部，宽椭圆形，顶端渐尖，边缘具锯齿；穗状花序顶生，通常两歧，花小，白色，无花被；核果球形。

金粟兰属属名“*Chloranthus*”是“具绿色花”的意思。宽叶金粟兰别名大叶及己、四块瓦、四大金刚、四大天王等。它是一种较为原始的植物，没有花瓣，只有花蕊。

宽叶金粟兰产我国南北多省。

八角亭｜蜂斗菜｜*Petasites japonicus*｜菊科蜂斗菜属

多年生草本，根状茎平卧，有地下匍枝，雌雄异株；叶肾状圆形，形似荷叶，生有长柄，边缘具细齿；头状花序排成密伞房花序，小花白色管状，两性；瘦果圆柱形，具白色冠毛。

蜂斗菜属属名“*Petasites*”意为“像帽子一样的”。蜂斗菜别名水流钟头、八角亭、蛇头草，我国南北皆有分布，常生于溪流边、草地或灌丛中。叶柄和嫩花芽可食用，鲜美可口，在日本广泛栽培作为蔬菜。

白玉（草）｜狗筋麦瓶草｜*Silene vulgaris*｜石竹科蝇子草属

一年生草本；茎直立，不分枝；叶对生，线状披针形，近无柄；聚伞花序，花两性，花萼膨大囊状，绿白色半透明状，萼齿5，白色花瓣5，从囊状花萼内露出，雄蕊10，二轮，外5枚较长；蒴果梨状。

本种种加词“*vulgaris*”是“普通”的意思。狗筋麦瓶草别名白玉草，形象地描述了它淡绿色半透明的瓶状花萼，它的英文名有“膀胱剪秋罗（bladder campion）”和“处女泪（maidenstears）”等。

狗筋麦瓶草产欧洲、非洲和亚洲中部及南部。我国黑龙江、西藏、内蒙古、新疆等地有分布。在欧洲的一些国家，人们把狗筋麦瓶草的嫩叶当作蔬菜食用。

白玉草，摄于纽黑文。

水晶（兰）｜ *Monotropa uniflora* ｜ 杜鹃花科水晶兰属

多年生寄生小草本；茎直立，不分枝，全株无叶绿素，白色半透明肉质；叶互生，退化成鳞片状；单花顶生，先下垂后直立，花冠筒状钟形，花瓣 5~6 枚，楔形或倒卵状长圆形，具齿，柱头膨大成漏斗状；蒴果球形。

水晶兰，花期照片（上）摄于美国弗吉尼亚州仙纳度国家公园（Shenandoah National Park），果期照片（下）摄于康涅狄格州罗斯湖州立公园（Ross Pond State Park）。

本种种加词"*uniflora*"是"具单花"的意思。水晶兰的英文名有"幽灵草（ghost plant）""尸花（corpse plant）"等。

水晶兰自身没有叶绿素，无法进行光合作用，而是寄生在一种叫作"菌根（mycorrhizal）"的真菌植物共生体上来获取营养。菌根相当于真菌和植物的一种友好结盟关系，植物为真菌提供营养，而真菌则为植物提供一些无机物质。这样看来，水晶兰其实是在透过菌根来汲取植物的养分。

水晶兰产欧洲、北美和亚洲，我国南北多省有分布，生于潮湿的山地林下。

· 西湖杨 | 同第三章"赤杨"

下风（草）｜小二仙草｜ *Gonocarpus micranthus* ｜ 小二仙草科小二仙草属

多年生草本，茎直立或下部平卧，具纵槽，多分枝；卵形叶对生，背面带紫褐色；圆锥花序顶生，花两性，极小，具 4 枚淡红色花瓣；坚果近球形。

小二仙草属属名"*Gonocarpus*"是"果有角"的意思，本种种加词"*micranthus*"意为"小花的"。小二仙草别名船板草、豆瓣草、扁宿草、下风草、沙生草等，产我国南北多省。澳大利亚、新西兰和东南亚地区亦有分布。

白石松｜麦珠子｜ *Alphitonia incana* ｜鼠李科麦珠子属

常绿乔木，高可达18米；叶互生，卵状长圆形，顶端渐尖；聚伞圆锥花序腋生，花5基数，花瓣匙形，具爪；蒴果状核果球形，成熟时黑色。

麦珠子属名“*Alphitonia*”是希腊语中“大麦粉”的意思，指其果皮干燥粉状的特点，本种种加词“*incana*”是“多毛”的意思。麦珠子又叫山木棉、蒙蒙木、山油麻、白石松、银树等，产广东、海南，东南亚亦有分布。

顶冰（花）｜ *Gagea nakaiana* ｜百合科顶冰花属

多年生草本；鳞茎卵球形；基生叶1枚，狭披针形；伞形花序，花被片6枚，2轮，条形或狭披针形，黄色，雄蕊6，柱头3裂；蒴果卵圆形。

顶冰花属属名“*Gagea*”是为纪念英国植物学家托马斯·盖奇爵士（Sir Thomas Gage，1781-1820）而命名。顶冰花产我国东北地区。日本、朝鲜、俄罗斯和欧洲亦有分布。

荷包牡丹｜ *Lamprocapnos spectabilis* ｜罂粟科荷包牡丹属

直立草本；茎带紫红色；叶三角形，二回三出全裂；总状花序，花于花序轴一侧下垂，对称外花瓣2枚，紫红色或白色，基部囊状，先端变狭反曲，合呈心形，内花瓣白色，略呈匙形，先端圆形部分紫色。

荷包牡丹属属名“*Lamprocapnos*”在希腊语中是“明亮的烟雾”的意思，本种种加词“*Spectacular*”意为“壮观的”。荷包牡丹别名鱼儿牡丹、活血草、土当归、耳环花。《花镜》载，“荷包牡丹”因“叶类牡丹，花似荷包”而得名，并记录它“一幹十余花，累累相比，枝不能胜而下垂”。荷包牡丹的英文名有“滴血的心（bleeding heart）”“浴中淑女（lady-in-a-bath）”。

荷包牡丹产我国北方海拔780~2800米的湿润草地和山坡，世界各地均有栽培，是一种因花形奇美而从中国走向世界的观赏植物。

荷包牡丹

· 百般娇 | 同第一章“虞美人”

莲生贵子 | 马利筋 | *Asclepias curassavica* | 夹竹桃科马利筋属

多年生草本，全株有白色乳汁；叶披针形；聚伞花序，花冠红色，长圆形裂片 5 枚向下反折，黄色副花冠生于合蕊冠上，5 裂，裂片匙形，内有舌状片；蓇葖果披针形，种子顶端具白色绢质种毛。

马利筋属属名“*Asclepias*”来自希腊语中疗愈之神阿斯克勒庇俄斯（Aesculapius），本种种加词“*curassavica*”意为柑香酒。马利筋别名莲生贵子、羊角丽、黄花仔、唐绵、野鹤嘴、水羊角、见肿消、野辣子、红花矮陀陀等。“莲生桂子”一名载于《植物名实图考》：“莲生桂子花，云南园圃有之”。

辨认马利筋，最明显的特征就是它的主副两轮花冠：主花冠像少女的裙摆，副花冠则像五把有柄的小汤匙，十几朵色泽鲜艳、姿态奇异的小花组成了聚伞花序。

马利筋原产拉丁美洲的西印度群岛，现广植于世界各地热带及亚热带地区。它全株有毒，乳汁尤甚，其中的毒素会被一些昆虫幼虫食用和利用，以避免鸟类捕食。

马利筋，摄于纽约植物园。

遍地金 | *Hypericum wightianum* | 金丝桃科金丝桃属

一年生草本；茎披散或直立；叶无柄，卵形，先端浑圆；二歧状聚伞花序顶生，花小，花瓣黄色，椭圆状卵形，先端锐尖，雄蕊近 30 枚；蒴果近圆球形。

金丝桃属属名“*Hypericum*”是由希腊语的“上方（hyper）”和“图画（eikon）”二词组合而成，因欧洲一些地方有把金丝桃属植物悬挂在图画上用来辟邪的风俗。遍地金别名对对草、小疳药、蚂蚁草、小化血、蛇毒草等，产我国东南地区。印度、东南亚亦有分布。

滨海木蓝｜滨木蓝｜ *Indigofera litoralis* ｜豆科木蓝属

多年生披散草本，有时为匍匐状；奇数羽状复叶，小叶互生，线形至狭长圆形；总状花序，花小，密集，花萼钟状，花冠伸出萼外，红色；线形荚果具四棱，下垂。

本种种加词“*litoralis*”是“生于海岸”的意思。滨木蓝产海南海滨地带的沙地或草丛中，模式标本产自海南崖县。

勤娘子｜圆叶牵牛｜ *Ipomoea purpurea* ｜旋花科虎掌藤属

一年生缠绕草本；叶宽卵形或近圆形，常 3 裂，先端渐尖；花一朵或两朵腋生；花冠漏斗状，蓝紫色或紫红色，花冠管色淡；蒴果近球形，3 瓣裂。

虎掌藤属是旋花科内第一大属，属名“*Ipomoea*”是“形似毛毛虫”的意思，描述其蜿蜒缠绕的样子。牵牛别名勤娘子、盆甑草、喇叭花等。在日语里，牵牛因朝开夜合的习性而又有“朝颜”的别名。杨万里喜爱牵牛花，曾作“素罗笠顶碧罗檐，脱卸蓝裳著茜衫”“晓思欢欣晚思愁，绕篱萦架太娇柔”等诗句来咏牵牛。

本种原产热带美洲，现广泛分布于世界热带和亚热带地区，我国除西北和东北外大部分地区均有分布。

圆叶牵牛，摄于北京昌平。

对月（草）｜黄海棠｜ *Hypericum ascyron* ｜金丝桃科金丝桃属

多年生直立草本；叶对生，披针形，无柄，叶片常抱茎状；圆锥花序顶生；花瓣 5 枚，金黄色倒披针形，向顺时针方向弯曲，雄蕊极多，约 150 枚；蒴果卵珠形。

黄海棠又称对月草、救牛草、金丝蝴蝶、大金雀、禁宫花、降龙草等，它最鲜明的特点是极多的金黄色雄蕊和顺时针弯曲的金黄色花瓣。黄海棠分布在我国除新疆、青海之外的大部分地区。俄罗斯、朝鲜、日本、北美亦有分布。

思维（树）｜菩提树｜*Ficus religiosa*｜桑科榕属

大乔木，幼时附生，高达15~25米；树皮灰色，有气根；叶心形，先端延伸为纤长尾尖，叶片全缘或波浪状边缘；榕果球形，成熟时红色；榕果壁内同生雄花、瘿花（不育花）和雌花。

本种种加词“*religiosa*”是神圣的意思。菩提树别名思维树、毕钵罗树、觉树，其中毕钵罗树来自梵语单词“Pippala”。相传释迦牟尼在菩提树下成道，因此被佛教尊为圣树，受到信徒供养。

菩提树原产南亚次大陆，我国热带地区及日本、东南亚有栽培。

沧江海棠｜*Malus ombrophila*｜蔷薇科苹果属

乔木，高可达10米；老枝紫褐色，具稀疏纵裂皮孔；单叶互生，卵形，下面被绒毛，边缘具锐利重锯齿，先端渐尖；伞形总状花序，白色卵形花瓣5枚，基部有短爪；梨果近球形。

沧江海棠产云南、四川，模式种采自云南贡山。

使君子｜*Quisqualis indica*｜使君子科使君子属

攀缘状灌木；卵形叶对生或近对生，先端短渐尖；顶生穗状花序组成伞房花序，花梗长，花瓣5，先端钝圆，初为白色，后转淡红色至红色；果卵形，具明显的锐棱角5条，成熟时呈青黑色或栗色。

使君子属属名“*Quisqualis*”的意思是“这是啥”，因为植物学家刚发现本属植物的时候也拿不准它是什么，类比到人类中，就好像一个姓“谁”的神秘人。本种种加词“*indica*”是“来自印度”的意思。

使君子别名留求子、史君子，植株内含有一些可驱蛔虫的化学成分。晋代《南方草木状》记载，“留求子”因可治疗儿科疾病而得名。宋代《开宝本草》中称，这种草药是一位名叫郭使君的大夫治疗小儿的常用药，所以又叫作“使君子”。也有另外一种说法，称“使君子”得名是因为它曾治好了刘备之子刘禅的蛔虫病，而刘备曾任豫洲牧，被人们尊称为“刘使君”。

《广群芳谱》记载，使君子“五月开五瓣花，一簇一二十，葩初淡红，久乃深红，色轻盈如海棠作架植之，蔓延若锦”。使君子的花初开时为白色至淡粉色，花梗直立，随着花越来越成熟，颜色也越来越深，花梗也渐渐垂下，于是一簇花便呈现出一种参差多态的娇羞。

使君子产我国华南和西南地区，印度和东南亚亦有分布，世界各地广泛栽培。

使君子，摄于西双版纳植物园。

戴星（草）| *Sphaeranthus africanus* | 菊科戴星草属

草本，芳香；茎直立或斜升，多分枝，茎枝具阔翅；叶狭倒卵形，边缘具疏齿；球状复头状花序单生于顶，淡粉色或绿色，小花钟形；瘦果圆柱形，有4棱。

本种种加词“*africanus*”意为“来自非洲的”。戴星草产亚洲热带地区、非洲及澳大利亚。

感应（草）| *Biophytum sensitivum* | 酢浆草科感应草属

一年生草本；茎单生，不分枝；叶聚生茎顶；偶数羽状复叶，小叶倒卵形，先端圆；花数朵聚生，花瓣5，黄色或白色；蒴果椭圆状倒卵形。

因为感应草的多枚羽状复叶聚生于茎的顶端，状似一棵小树，所以它的英文名叫作“小树草（little tree plant）”。感应草和含羞草虽不是同一科植物，但都能在外界刺激下做出快速的反应，这一特点从它们的名字就能看出来。感应草产亚洲热带地区。

感应草

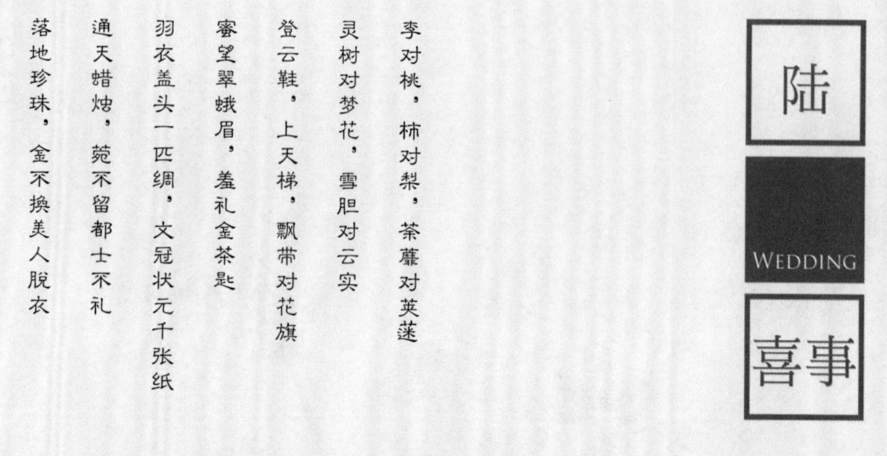

李 | *Prunus salicina* | 蔷薇科李属

落叶乔木，高可达10米；树皮灰褐色，老枝紫褐色，小枝黄红色；叶长圆倒卵形，先端渐尖，边缘具圆钝重锯齿，叶柄有腺体；花常3朵并生，具短梗，花瓣白色，矩圆倒卵形，雄蕊2轮，雌蕊1，比雄蕊稍长；核果球形。

李属（*Prunus*）是蔷薇科里一个美味的属，里面包括了李亚属的杏、桃亚属的桃和樱桃亚属的樱桃等。它们的果实都是核果，中果皮和外果皮酸甜多汁，受到世界各地人们的喜爱。本种种加词“*salicina*”是“像柳树”的意思。

根据《尔雅翼》，李因是“木之多子者”而得名。李时珍在《本草纲目》中进一步解释，多子之木何其多也，李能脱颖而出，按照《素问》的说法，是因“李味酸属肝，东方之果也。则李于五果属木，故得专称尔。”韦述《两京记》中写道，“东都嘉庆坊有美李，人称为嘉庆子”，所以在民间，李又叫作嘉庆子。

李原产中国，有超过三千年的栽培历史。早在《山海经·北山经》中，就有“边春之山，多葱、葵、韭、桃、李”的说法。民间流传的“桃养人，杏伤人，李子树下埋死人”一说，其实夸大其词了。未熟的李子的确含有微量生物碱，不能多食。但熟透的李子和桃、杏一样，不仅是美味的水果，还是美好的意象：“夭桃秾李”指唇红齿白的青春美貌，“投桃报李”是知恩图报的无价情义，“桃李满天下”则是学子遍天下的教育成就。晋代大书法家王羲之晚年优游无事，爱好种植果树，在《来禽帖》里写下“青李、来禽、樱桃、日给藤子，皆囊盛为佳，函封多不生”的心得体会，说这些植物的种子要装在布袋里，装在信封里的话不太容易发芽。谢朓诗云“夏李沉朱实，秋藕折轻丝；良辰竟何许，夙昔梦佳期”，苏轼亦有“紫李黄瓜村路香，乌纱白葛道衣凉”，都是多么令人心向往之的人间烟火啊！

桃｜*Amygdalus persica*｜蔷薇科李属

落叶乔木，高 3~8 米；树皮暗红褐色，小枝具大量皮孔；叶长圆披针形，边缘具锯齿，叶柄常具腺体；花单生，先叶开放，花瓣长椭圆形至宽倒卵形，粉红色；雄蕊约 20~30，花药深红色；核果外密被短柔毛。

桃属属名“*Amygdalus*”在古希腊语中意为“扁桃树”，本种种加词“*persica*”是“来自波斯”的意思。桃原产中国，在中亚广泛种植，经波斯（现在的伊朗）传入欧洲。

《本草纲目》记载，桃“性早花，易植而子繁，故字从木从兆”，“兆”是“十亿”的意思，在这里指“多”。距今八九千年的湖南临澧胡家屋场遗址中有桃核出土，说明当时的人已经开始食用桃。其他考古证据亦显示，我国人工栽培的桃品种在三千年前就已出现。《广群芳谱》提到，古人发现桃寿命不长，“三年便结子，五年即老，结子便细，十年即死”，便想方设法延长桃树的寿命：“若四年后，用刀自树本竖劙其皮至生枝处，使胶尽出，则多活数年”。关于桃的诗歌、典故很多。《诗经·周南》用明艳的桃花形容新娘的娇美：“桃之夭夭，灼灼其华”。《晏子春秋》中有“二桃杀三士”的典故，写晏子巧妙地利用两枚桃子，激得三名“勇而无礼”的壮士争功内斗，以致俱亡的故事。《韩非子·说难》中记载了“弥子之行”的典故，记载宠臣弥子瑕在权宠巅峰曾“公车私用”，还把自己咬了一口的桃子给卫灵公吃，不但不受责罚，还更受爱重。可到了他“色衰爱弛”之时，卫灵公还是因这两件事而降罪于他。《韩非子·外储说左下》记载，鲁哀公赐桃和黍子给孔子，孔子先吃黍子再吃桃。哀公笑着告诉他，黍子是用来擦拭桃而不是用来吃的。孔子则不慌不忙地反击："丘知之矣。夫黍者，五谷之长也，祭先王为上盛。果蓏有六，而桃为下；祭先王不得入庙。丘之闻也，君子以贱雪贵，不闻以贵雪贱。[7]"

柿｜*Diospyros kaki*｜柿科柿属

落叶大乔木，高可达 20 米以上；树皮深灰色，长方块状开裂；叶互生，倒卵形，先端渐尖或钝；花雌雄异株，稀杂性；雄花聚伞花序腋生，花冠钟状，黄白色，4 裂；雌花单生叶腋；浆果扁球形，略呈方形，具增大宿萼。

柿属属名"*Diospyros*"是"神之果实"的意思，本种种加词"*kaki*"来自日语。

柿原产我国长江流域，有三千年以上栽培历史。柿子的果实是一种浆果。大部分品种的柿子即便成熟，仍含有大量水溶性的单宁，不仅入口极为涩麻，还会和消化道内的蛋白质结合，形成胃柿石，导致肠胃不适，乃至梗阻、出血。要吃到甜蜜的柿子果实，需得耐心放置一段时间才行。人们也常把柿子做成柿饼，其表面往往覆盖着一层糖汁沁出凝结成的白霜，便是唐代杨万里笔下的"冻干千颗蜜，尚带一林霜"了。

(白)梨｜*Pyrus bretschneideri*｜蔷薇科梨属

落叶乔木，高 5~8 米，树冠开展；叶卵形，先端渐尖，边缘具锐齿；伞形总状花序，花瓣 5 枚，卵形，具爪，白色；雄蕊 20，长度约等于花瓣的一半，花药紫红色，花柱 4 或 5，与雄蕊等长；梨果球形，黄色，有斑点。

本种种加词"*bretschneideri*"是为纪念俄国汉学家、医生和植物采集者埃米尔·布雷特施奈德（Emil Bretschneider，汉名贝勒，1833–1901）而命名。1866 年至 1883 年，贝勒出任俄罗斯公使馆驻北京医生，在钻研

白梨，摄于北京房山山区。

汉学的同时，还在京郊建立了自己的植物标本馆，曾为英国邱园（Kew Garden）提供了大量干制植物标本。

白梨产我国北方干旱寒冷地区，由秋子梨（*P. ussuriensis*）和沙梨（*P. pyrifolia*）杂交而来，其栽培品种包括河北的鸭梨、雪花梨、秋白梨，山东的鹅梨、坠子梨、长把梨和山西的黄梨、油梨、夏梨、红梨等。

荼蘼｜香水月季｜*Rosa odorata*｜蔷薇科蔷薇属

灌木；枝粗壮无毛，上具钩状皮刺；叶互生，奇数羽状复叶，小叶椭圆形，先端急尖，边缘具锐锯齿；花单生或2~3朵簇生，花瓣芳香，白色或粉红色，倒卵形；果实扁球形。

“荼蘼（酴醾、荼蘼）”一名源自一种酒，因其花色与酒色接近。《岁时记》记载，“唐寒食宴宰相用酴醾酒，酴醾本酒名，世以所开花颜色似之，故取为名”。《广群芳谱》记载，荼蘼别名独步春、百宜枝杖、琼绶带、雪璎珞、沉香蜜友等。它常在盛夏开放，以馥郁的盛开代百花谢幕，过后便迎来秋日的凋零和冬日的肃杀，因此苏轼说它是“酴醾不争春，寂寞开最晚；青蛟走玉骨，羽盖蒙珠幰；不妆艳已绝，无风香自远”。

《红楼梦》第六十三回“寿怡红群芳开夜宴，死金丹独艳理亲丧”中，众人占花名，麝月抽到了最后一枚签，一面画着荼蘼花，另一面题写的便是宋人王琪《春暮游小园》中的一句“开到荼蘼花事了”，宝玉见状不由地皱起了眉头。花事盛极而衰，折射着世间莫测的悲喜，难免令人感到寂寥。可转念一想，至情至性地开放过，难道不是一种骄傲灿烂的活法吗？

通览古典文献，荼蘼花应该是一种盛夏开放，开白色、黄色或粉色花，具浓郁芳香的蔷薇科藤本植物。由于古人没有准确的植物分类系统，形态描述亦比较模

“西庇阿·科切夫人”香水月季，摄于布鲁克林植物园。

糊，它具体指哪一种植物仍存在争议。《中国植物志》中提到，荼蘼可能是香水月季，也有人认为应为悬钩子蔷薇（*Rosa rubus*）。这里选择香水月季进行介绍。蔷薇属属名“*Rosa*”来自拉丁语原名，本种种加词是“芳香”的意思。香水月季是由月季（*Rosa chinensis*）和巨花蔷薇（*R. gigantean*）杂交而来。西方认为香水月季的气味类似茶香，于是又叫它“茶香月季（tea rose）”。

（欧洲）荚蒾｜ *Viburnum opulus* ｜五福花科荚蒾属

落叶灌木；单叶对生，叶倒卵形，掌状3裂，边缘具不整齐粗齿；复伞形聚伞花序，周围有大型白色不孕花，可育花钟状5裂，花冠白色，雄蕊伸出花冠，花药黄白色，花柱不存，柱头2裂；核果红色，近圆形。

荚蒾属属名“*Viburnum*”来自拉丁语。

欧洲荚蒾的花冠外围具有一圈大而醒目的不育花，其作用是吸引昆虫来为中间小而不起眼的可育花传粉，从而减少总体的能量消耗，是一种“经济节约”的生存策略。五福花科荚蒾属中，除了欧洲荚蒾，前文提到的蝴蝶戏珠花（*Viburnum plicatum* var. *tomentosum*）、琼花（*Viburnum macrocephalum* f. *'Keteleeri'*）等植物都具有这样的特征。由蝴蝶戏珠花变异而来的粉团（*Viburnum plicatum*）以及由琼花变异而来的植物绣球荚蒾（*Viburnum macrocephalum*）花序上全为不育花，很容易和绣球属植物（*Hydrangea*）混淆。它们的花序都像一簇簇花球，由硕大的不育花组成，可两者只是形似，并没有亲缘关系。绣球属的不育花是扩大的花萼发育而来，而荚蒾属的不育花则是合生的花瓣。

欧洲荚蒾产欧洲和俄罗斯高加索地区，我国新疆有分布。

欧洲荚蒾，摄于北京大学。

灵树｜赤才｜ *Lepisanthes rubiginosa* ｜无患子科鳞花木属

常绿灌木或小乔木；树皮纵裂；偶数羽状复叶，小叶长卵形，顶端钝圆；复总状花序，花芳香，花瓣4~5，倒卵形，花丝被长柔毛；果近圆形，2~3室。

本种种加词“*rubiginosa*”是“锈色”的意思，描述其嫩枝、花序和叶轴密被锈色绒毛的特点。赤才产我国华南地区。

梦花｜结香｜ *Edgeworthia chrysantha* ｜瑞香科结香属

灌木；幼枝韧皮坚韧，叶痕明显，叶长圆形至披针形，先端短尖，两面被银灰色绢状毛，先于花凋落；头状花序顶生或侧生，具花30~50朵成绒球状，花芳香，无梗，黄色，顶端4裂；果椭圆形，绿色。

结香属属名“*Edgeworthia*”是为纪念爱尔兰植物学家迈克尔·帕克南·埃奇沃斯（Michael Pakenham Edgeworth，1812-1881）而命名。埃奇沃斯的父亲是一名政治家和作家，一生有四位妻子和二十二名子女。埃奇沃斯本人大半生都在印度工作，曾于亚丁（Aden）发现了大量新植物种类，在植物摄影方面也做了大量研究和创新。本种种加词“*chrysantha*”的意思是“金色的花朵”。

结香别名梦花、黄瑞香、打结花、雪里开、雪花皮、山棉皮、蒙花、三叉树、三椏皮、金腰带等。它最突出的特点是枝条粗壮柔韧，可以在上面打结而不影响生长，所以叫“结香”和“打结花”。结香在自然状态下是向上生长的，并不会自己打结，我们看到的结都是人为的结果。因为人们一旦知道了它名字的由来，就总要亲手试验一下。结香小枝粗壮，常作三叉分枝，所以别名“三叉树”“三椏皮”，它在冬末夏初开花，开花时叶已掉落，绒球一般的花散发出淡淡的芳香，所以亦叫作“雪里开”。

结香产我国南北多省，世界各地广泛栽培。

雪胆｜ *Hemsleya chinensis* ｜葫芦科雪胆属

多年生攀缘草本；茎和小枝纤细；卷须线形，先端2歧；复叶趾状，小叶卵状披针形，边缘具齿；雌雄异株，花冠灯笼状，橙红色，花瓣反折，顶端5裂，雌花较大；果实近球形。

雪胆属属名“*Hemsleya*”是为了纪念英

打结的结香花枝

国植物学家威廉·博廷·赫姆斯利（William Botting Hemsley，1843-1924）而命名，本种种加词意为“中国的”。雪胆产我国东南地区。东南亚亦有分布。

云实｜*Caesalpinia decapetala*｜豆科云实属

藤本；树皮暗红色；枝、叶轴和花序均被柔毛和钩刺；二回羽状复叶，羽片对生，小叶长圆形，先端圆钝；总状花序顶生，花梗具关节，故花易脱落，花瓣5枚，黄色，圆形，最上一枚较小，具红色斑纹；荚果长圆状舌形。

云实属属名“*Caesalpinia*”是为纪念文艺复兴时期意大利医生、植物学家安德烈亚·切萨尔皮诺（Andrea Cesalpino，1519-1603）而命名。在16卷著作《植物论》（*De Plantis libri*）中，切萨尔皮诺把植物分为草本和木本，区分了果实和种子的特征，曾提出一个基于花和果实的分类系统，对植物分类学发展具有重要的影响。本种种加词“*decapetala*”是“十瓣的”的意思。云实别名药王子、铁场豆、马豆、水皂角等，产我国南方多省。亚洲其他热带和亚热带地区亦有分布。

登云鞋｜两似蟹甲草｜*Parasenecio ambiguus*｜菊科蟹甲草属

多年生草本；茎单生，直立，具纵条棱；叶多角形，具长柄，掌状浅裂，边缘具疏齿；头状花序排成圆锥花序，花序梗近无，小花3，白色，花冠管状，檐部5裂，花药伸出花冠；瘦果圆柱形。

本种种加词“*ambiguus*”是“可疑的”的意思。两似蟹甲草产我国北方。

上天梯｜楼梯草｜*Elatostema involucratum*｜荨麻科楼梯草属

多年生草本；叶互生，近无柄，斜长圆形，镰状弯曲，先端骤尖，基部不对称，边缘具锯齿；雄花序聚伞状，有梗，雄花被片5，雄蕊5；雌花序梗极短；瘦果卵球形。

楼梯草属属名“*Elatostema*”意为“突出的雄蕊”，本种种加词是“具苞片”的意思。楼梯草别名半边伞、养血草、冷草、鹿角七、上天梯，产我国南方多省。日本亦有分布。

飘带（草）｜云南柴胡｜*Bupleurum yunnanense*｜伞形科柴胡属

多年生纤细草本，茎细瘦；单叶，线形至狭披针形，基部抱茎；复伞形花序顶生或侧生；总苞片2~4，叶状，不等大，小总苞片5，等大，小花紫黑色；分生果长圆形，具狭翼状棱。

本种种加词"*yunnanense*"是"产自云南"的意思。"飘带草"一名载于《滇南本草》。云南柴胡产云南，模式标本采自丽江。

花旗（松）｜*Pseudotsuga menziesii*｜松科黄杉属

常绿乔木，高可达100米；幼树树皮平滑，老树树皮深裂成鳞状；叶条形，下面有2条灰绿色气孔带；雌雄同株，雄球花圆柱形，单生叶腋，雌球花卵圆形，下垂，单生枝端；球果椭球形，种鳞上具3裂的长苞鳞，形如小老鼠。

黄杉属属名"*Pseudotsuga*"是"假铁杉（tsuga）"的意思，本种种加词"*menziesii*"是为纪念苏格兰植物学家、外科医生阿奇博尔德·孟雅斯（Archibald Menzies，1754-1842）而命名。

孟雅斯是著名的温哥华探险队（Vancouver Expedition）的随船博物学家，在海上航行多年。在北美洲西海岸的温哥华岛（Vancouver Island），孟雅斯首次描述了花旗松这一物种。行至夏威夷岛，孟雅斯和队友一起登上了冒纳罗亚火山（Mauna Loa）的顶峰莫库阿韦奥韦奥火山口（Mokuaweoweo），创造了欧洲人对这座火山的首次登顶纪录。登顶后，孟雅斯用随身携带的气压计测量高度，其得出的数据（4134米）和今人的测量（4169米）相差无几。孟雅斯还在沿途收集了大量植物标本。有一次，智利总督请他吃饭，用智利南洋杉（*Araucaria araucana*）的种子当开胃小吃。孟雅斯对这种植物非常感兴趣，偷偷藏了几粒种子在衣袋里。返航时，他便迫不及待地找来容器在甲板上育种，到返回英国时，已成功栽培出五株幼苗。这种优美古老的树种立即在19世纪的欧洲风靡开来。

直到40年后，才有另一位苏格兰人大卫·道格拉斯（David Douglas，1799-1834）再次登上莫库阿韦奥韦奥火山口。道格拉斯曾三次从英国前往北美探险，将原

落基山花旗松（*Pseudotsuga menziesii* var. *glauca*）

产美国的花旗松引入欧洲栽培，因此花旗松的英文名又叫作“道格拉斯冷杉（Douglas fir）”。可惜的是，登顶冒纳罗亚火山之后不到一年，道格拉斯就在攀登夏威夷岛最高的火山冒纳凯阿（Mauna Kea）途中骤然离世。

在原产地北美洲，花旗松可长到100米之高。我国引种栽培的植株由于水土不服，就远没有在老家的那般雄伟气势了。

蜜望｜芒果｜ *Mangifera indica* ｜漆树科杧果属

常绿大乔木，高10~20米；长圆形叶片集生枝顶，先端渐尖，边缘波状，表面光亮；圆锥花序，花序轴红色，花小，杂性，黄色长圆形花瓣4-6枚，内具红色凸起脉纹，略外卷；核果肾形，熟时黄色，肉质中果皮肥厚香甜。

芒果是杧果的通俗名。杧果属属名“*Mangifera*”意为“结芒果的”，本种种加词是“来自印度”的意思。芒果（杧果）别名马蒙、莽果、蜜望等。根据《本草纲目拾遗》，《肇庆志》云“蜜望子一名莽果，树高数丈，花开极繁，蜜蜂望之而喜，故名。”《粤志》亦记载芒果有治晕船的功效：“其子五月色黄，味甜酸，漂洋者兼金购之，有夭桃与相类，六、七月熟，大如木瓜，凡渡海者，食之不呕浪。”

芒果原产印度，大约在明朝嘉靖年间传入中国，现已在世界各热带地区广泛栽培，品种极多。

芒果，摄于哈佛大学自然博物馆玻璃植物标本室。玻璃标本以精湛的技艺展现了枝条、果实和放大十倍的芒果花朵。

· 翠蛾眉 | 同第四章“碧蝉”

· 羞礼（草）| 同第五章“感应草”

金茶匙 | 杏香兔儿风 | *Ainsliaea fragrans* | 菊科兔儿风属

多年生草本；茎直立，单一，不分枝，花葶状；叶莲座状聚生于茎基部，卵形，顶端钝，基部深心形，全缘或具齿；头状花序排成总状花序，花两性，白色，具杏仁香气，花冠管状，冠檐 5 深裂；瘦果近纺锤形。

兔儿风属属名“*Ainsliaea*”是为纪念英国外科医生、植物学家怀特洛·安斯利（Whitelaw Ainslie，1767–1837）而命名。安斯利曾出任东印度公司的外科医生，在印度工作多年。本种种加词“*fragrans*”意为“芳香”。杏香兔儿风别名小鹿衔条、兔耳一枝箭条，产我国南方多省。

羽衣（草）| 斗篷草 | *Alchemilla japonica* | 蔷薇科羽衣草属

多年生草本；茎密被白色长柔毛；茎生叶具长柄，圆形，基部深心形，掌状浅裂，边缘具细锯齿，两面均被柔毛；伞房状聚伞花序，花黄绿色，无花瓣，有两轮镊合状排列的萼片；瘦果卵形。

羽衣草属属名“*Alchemilla*”因在炼金术中的应用而得名。羽衣草产我国西北和西南地区。日本亦有分布。

盖头（花）| 打破碗花花 | *Anemone hupehensis* | 毛茛科银莲花属

多年生草本，叶基生，有长柄，通常为三出复叶，小叶卵形，先端急尖，边缘具锯齿；聚伞花序，花瓣状萼片 5，紫红色或粉红色，倒卵形，花药黄色，花丝丝状，心皮密生于球形的花托；聚合果球形。

银莲花属属名“*Anemone*”是希腊语中“风”的意思。在希腊神话中，美少年阿多尼斯（Adonis）为爱神阿芙洛狄忒（Aphrodite）所爱。他在打猎时被妒火中烧的情敌战神阿瑞斯（Ares）化身野猪杀害，从鲜血中生出一朵红色的银莲花。

打破碗花花别名遍地爬、五雷火、霸王草、满天飞、盖头花、大头翁等，它的名字很容易和另外几种植物混淆，比如旋花科打碗花属的打碗花（*Calystegia hederacea*）和锦葵科秋葵属的打破碗碗花（*Abelmoschus manihot*）。植物科普作者顾有容指出，中国民间会把各种圆形花冠、5 基数的野花叫作

“打（破）碗花”，因为它们的花形如同打破的碗，还衍生出了“摘花之后家里碗会摔碎”的有趣说法。

打破碗花花分布于我国南方多省。

一匹绸｜东京银背藤｜ *Argyreia pierreana* ｜旋花科银背藤属

木质藤本；叶卵形，先端锐尖，正面无毛，背面被白色绒毛；聚伞花序密集，密被黄色长柔毛，花冠漏斗状，淡红色；浆果球形，红色。

银背藤属的属名“*Argyreia*”在希腊语中意为“银色”。东京银背藤别名一匹绸、牛白藤、个吉芸等，产云南和广西。东南亚亦有分布。

文冠（果）｜ *Xanthoceras sorbifolium* ｜无患子科文冠果属

落叶灌木或小乔木；小枝粗壮，褐红色；奇数羽状复叶，小叶披针形，边缘具锐齿，顶生小叶常3深裂；两性花序顶生，雄花序腋生，花瓣5，倒阔卵形，白色，基部有紫红色或黄色脉纹；蒴果近球形，成熟后棕黑色。

文冠果属的属名“*Xanthoceras*”意为“具黄角”，描述花盘的橙黄色角状附属体。本种种加词“*sorbifolium*”意为“叶似花楸”。文冠果别名崖木瓜、文光果等，产我国北方多省，生于丘陵山坡地带。文冠果是一种独特的本土油料树种，它的种子类似板栗，营养价值很高。

状元（花）｜头状穗莎草｜ *Cyperus glomeratus* ｜莎草科莎草属

一年生草本；秆散生，具少数叶，叶短于秆，叶鞘红棕色；苞片叶状；长侧枝聚伞花序复出，辐射枝3~8，各具数个穗状花序；小穗线状披针形，紧密排成多列；小坚果三棱状。

头状穗莎草别名三轮草、状元花、喂香壶，产我国北方多省。欧洲、日本亦有分布。

千张纸｜木蝴蝶｜ *Oroxylum indicum* ｜紫葳科木蝴蝶属

直立小乔木，高可达18米；奇数二至三（稀四）回羽状复叶，小叶三角状卵形；总状聚伞花序顶生，花紫红色，花冠肉质钟状，檐部微二唇形，傍晚开放，气味恶臭；蒴果木质，长披针形，种子周围具白色透明的膜质翅。

木蝴蝶属属名“*Oroxylum*”由希腊语中的“山（oros）”和“木（xylon）”两个词组合而来，本种种加词是“来自印度”的意思。木蝴蝶别名千张纸、破故纸、毛鸦船、王蝴蝶、土黄柏、海船、朝筒、牛脚筒等。其中，“千张纸”和“破故纸”形象地描述了木蝴蝶种子薄如宣纸的膜翅。利用这种特殊的结构，木蝴蝶的种子就可以捕捉到空中微弱的上升气流，滑翔到远处生根发芽。

木蝴蝶是双子叶植物中叶片最大的植物，它粗壮的二回、三回乃至四回羽状复叶约有1至2米长、1米宽，常常不堪重负地从梗部脱落，在树脚下堆积起来，看起来像一堆折断的枯骨。它的花朵在夜间开放，散发出恶臭，由蝙蝠传粉。它的木质蒴果尖锐修长，可以长至1.5米，形如一把把高悬的利剑。

因为这些特点，木蝴蝶有很多诡异的英文名，比如“午夜恐怖（midnight horror）”“骨折花（broken bones）”和“达摩克利斯之树（tree of Damocles）”。其中，“达摩克利斯之树”一名包含着一个著名的典故。公元前4世纪，叙拉古统治者小狄奥尼修斯（Dionysius II of Syracuse）有一位极尽谄媚之能事的朝臣达摩克利斯（Damocles），常听他表达对王权富贵的羡慕之情，便提议交换一天身份，让他体验一下做君王的感觉。达摩克利斯美滋滋地享受了万人之上的一天，直到晚餐快结束时，才发现王位上方用一根纤弱的马鬃悬挂着一柄利剑，顿时吓破了胆，再也不想当君王了。从此人们便用达摩克利斯之剑来形容随时可能降临的危险。

木蝴蝶产我国华南地区。东南亚亦有分布。

通天蜡烛｜疏花蛇菰｜*Balanophora laxiflora*｜蛇菰科蛇菰属

肉质寄生草本；全株鲜红，表面密被斑点和皮孔；花雌雄异株（序），雄花序圆柱状，雄花通常有5枚被片，聚药雄蕊呈圆盘状，雌花序卵圆形，子房具柱状附属体；果坚果状。

蛇菰属属名“*Balanophora*”意为“结橡子的”，描述其坚果状的果实。本种种加词“*laxiflora*”是“花疏散”的意思。疏花蛇菰别名山菠萝、通天蜡烛，产我国东南地区。

菀不留｜金锦香｜*Osbeckia chinensis*｜野牡丹科金锦香属

金锦香是直立草本或亚灌木；茎四棱

金錦香的枝条、花朵和果实

形；叶片线状披针形，顶端急尖；头状花序顶生，花瓣4，淡紫红色或粉红色，倒卵形，雄蕊常偏向一侧，花药顶部具长喙；蒴果紫红色，宿存萼坛状。

金锦香属属名“*Osbeckia*”是为了纪念瑞典探险家、博物学家佩尔·奥斯贝克（Pehr Osbeck，1723–1805）而命名。奥斯贝克是林奈的学生和忠实追随者，曾在卡尔王子号（Prins Carl）上担任随船牧师，前往亚洲旅行。当他在1753年返航的时候，及时赶上了林奈的巨著《植物属志》（*Genera Plantarum*）的出版，把自己在中国广东地区搜集的六百余种植物也贡献了进去。本种种加词意为“中国的”。

金锦香别名菀不留、杯子草、小背笼、细花包、张天缸、昂天巷子、朝天罐子、细九尺、金香炉、装天甕、马松子、天香炉等。这些别名形象地描述了金锦香罐子状的蒴果。

金锦香产我国广西以东、长江流域以南各省。

· 都士不礼 | 同第四章“打蛇棒（一把伞南星）”

都士不礼是一把伞南星的彝语名。

落地珍珠 | 光萼茅膏菜 | *Drosera peltata* var. *glabrata* | 茅膏菜科茅膏菜属

多年生草本；球茎紫色，茎分枝；基生叶扁圆形，花时脱落，茎生叶互生，叶半月形，叶缘密具黏腺毛；螺状聚伞花序顶生，花萼边缘具腺毛，楔形花瓣5枚，白色至淡红色；蒴果2-5裂。

茅膏菜属属名“*Drosera*”在希腊语中意为“带露水的”，描述其腺毛顶端分泌的黏液滴，本种种加词“*peltata*”意为“盾牌状”，变种加词“*glabrata*”意为“光滑”。光萼茅膏菜别名捕虫草、黄金丝、滴水不干、土里珍珠、落地珍珠、陈伤子、一粒金丹、地下明珠、眼泪草、盾叶茅膏菜等。茅膏菜的英文名叫作“露珠（sundew）”。

茅膏菜属植物不仅可以通过光合作用来养活自己，还能通过猎取昆虫来“加餐”。它们的叶片表面或边缘具有丝状的黏腺毛，顶端可以分泌出露珠一样的黏液，散发出诱惑力十足的气味。贪吃的昆虫一旦寻气味而至，便牢牢粘在“露珠”上，挣扎之下，还会触动更多腺毛，以致越陷越深，最后被腺毛分泌的消化酶逐渐消化。

光萼茅膏菜产我国南方，生于阴湿的

林下或岩石坡。

金不换｜血散薯｜ *Stephania dielsiana* ｜防己科千金藤属

草质落叶藤本；块根硕大；叶柄着生于叶片中部，叶三角状近圆形；复伞形聚伞花序常腋生；雄花倒卵形萼片6，具紫色条纹，贝壳状肉质花瓣3，橙黄色，盾状聚药雄蕊；雌花萼片1，花瓣2；核果红色。

千金藤属属名“*Stephania*”在希腊语中意为“王冠”，描述其合生成盾状的聚药雄蕊。本种种加词“*dielsiana*”是为纪念德国植物学家路德维希·迪尔斯（Friedrich Ludwig Emil Diels，1874-1945）而命名。20世纪初，迪尔斯曾经前往南非、爪哇、澳大利亚、新西兰、新几内亚和厄瓜多尔旅行，搜集了大量植物标本，可惜都在第二次世界大战中毁于一旦。

血散薯别名金不换，产我国南方。

金不换，摄于华南植物园。

美人脱衣｜短脚蔷薇｜ *Rosa calyptopoda* ｜蔷薇科蔷薇属

小灌木；小枝紫褐色，有散生皮刺；奇数羽状复叶，小叶近圆形，边缘具锐齿；花单生，苞片叶状，花瓣粉红色，倒心形，先端深凹；瘦果近球形。

短脚蔷薇别名美人脱衣，产四川。

杏对梅，蔓对藤，棋盘对风筝
苍木对灵芝，悬铃对吊钟
二月旺，六月冷，蓑衣对斗篷
延龄扛板归，还魂避蛇生
清水山兰春不老，疏花地榆夏无踪
石上青苔，八担杏沉香窨友
雨过天晴，一把伞小山飘风

杏 | *Armeniaca vulgaris* | 蔷薇科李属

落叶乔木；树皮灰褐色，纵裂，新枝红褐色，有光泽，具多数小皮孔；叶宽卵形，先端急尖，边缘具圆齿；花单生，先叶开放，花梗短，花萼紫绿色，花后反折，花瓣圆形，白色或带红色，具短爪；核果球形，黄色，微被短柔毛。

杏属属名“*Armeniaca*”意为“亚美尼亚的”，本种种加词“*vulgaris*”是普通的意思。

杏原产中国，在中国已有两千多年的栽

杏，摄于北京红螺三险。

培历史，也承载了很多文化符号。孔子喜欢杏，在杏林设讲坛，因此“杏坛”成为教育的代名词，古代宫廷设“杏园”供新科状元游宴。《太平广记》记载，三国吴人董奉无偿为人治病，只求病人病愈后按照疾病轻重，栽种几棵杏树，数年后杏树成林，从此“杏林”又成为医学的代名词。

梅｜*Armeniaca mume*｜蔷薇科杏属

落叶小乔木；树皮浅灰色，光滑无毛；叶卵形，先端尾尖，边缘常具齿；花单生或2朵，芳香，先叶开放；花梗短，花萼红褐色；花瓣倒卵形，白色至粉红色；核果近球形，黄色或绿白色，味酸。

梅原产我国长江流域以南，已有三千多年的栽培历史。日本和朝鲜亦有分布。

蔓（菁）｜芸薹｜*Brassica rapa*｜十字花科芸薹属

二年生草本；块根肉质，扁圆形，无辣味；茎直立，分枝；基生叶大头羽裂或为复叶，茎生叶长圆披针形，至少半抱茎；总状花序顶生，小花十字形，鲜黄色；长角果线形；春夏开花结果。

芸薹属是一个蔬菜大属，我们餐桌上的常客白菜、紫甘蓝、花椰菜、西兰花、卷心菜、芥蓝、腌咸菜用的苤蓝、榨油用的油菜花，统统都来自芸薹属。而菜心（*Brassica rapa* subsp. *parachinensis*）、大白菜（*Brassica rapa* subsp. *pekinensis*）、小白菜（*Brassica rapa* subsp. *chinensis*）等大名鼎鼎的家常菜，则都是芸薹的变种。

芸薹又名芜菁、蔓菁、油菜、寒菜等，它的幼嫩花序可作蔬菜食用，种子可以榨油，块茎可以腌咸菜。《本草纲目》记载，“此菜易起苔，须采其苔食，则分枝必多，故名芸苔，而淮人谓之苔芥，即今油菜，为其子可榨油也”。芸薹属的很多蔬菜都起源于西亚和地中海地区，中国古代文献也多认为芸薹来自西域，所以像称呼“番茄”“番薯”一样，给了芸薹一个“胡菜”的洋名。李时珍说，“羌陇氐胡，其地苦寒，冬月多种此菜，能历霜雪，种自胡来，故服虔《通俗文》谓之胡菜，而胡洽居士《百病方》谓之寒菜，皆取此义也。或云塞外有地名云台戍，始种此菜，故名，亦通。”

（紫）藤｜*Wisteria sinensis*｜豆科紫藤属

落叶藤本；茎左旋，枝粗壮；奇数羽状

紫藤和白头翁鸟（*Pycnonotus sinensis*），摄于北京大学。

复叶，小叶卵状椭圆形，先端锐尖；总状花序顶生，下垂，花芳香，自下向上开花，花冠蝶形，紫色；荚果倒披针形；春季开花，夏季结果。

紫藤属属名“*Wisteria*”是为纪念美国外科医生、解剖学家卡斯帕·维斯塔（Caspar Wistar, 1761-1818）而命名，本种种加词是“来自中国”的意思。

紫藤原产中国，自古就作庭院棚架植物栽培。李白专门为紫藤花作诗：“紫藤挂云木，花蔓宜阳春；密叶隐歌鸟，香风流美人”。而白居易则悲悯被紫藤绞杀而亡的宿主，说它“下如蛇屈盘，上若绳萦纡；可怜中间树，束缚成枯株”。

棋盘（花）｜*Zigadenus sibiricus*｜藜芦科沙盘花属

多年生草本；鳞茎小葱头状；叶基生，条形；总状或圆锥花序，花被片6枚，绿白色，倒卵状矩圆形，内面基部具肉质腺体；雄蕊6，子房圆锥形，花柱3；蒴果圆锥形，种子有狭翅。

棋盘花广布于亚洲北部温带地区。

风筝（果）｜*Hiptage benghalensis*｜金虎尾科风筝果属

攀缘灌木或藤本；叶对生，长圆形，先端渐尖，背面常具2腺体；总状花序，花极芳香，花瓣5，白色，基部具黄色斑点，基部具爪，边缘具流苏，雄蕊10枚，其中1枚异长，花柱卷拳状；翅果具三角形鸡冠状附属物。

风筝果属属名是希腊语中“飞”的意思，指其带翅的种子，本种种加词“*benghalensis*”意为“来自孟加拉国”。风筝果原产印度和东南亚，我国华南地区有分布。

风筝果

· （白）苍木 | 同第三章“高山望”

灵芝（草）|姜味草 | *Micromeria biflora* | 唇形科姜味草属

丛生亚灌木，芳香；茎纤细，密被白毛，红紫色；叶卵圆形，先端急尖，具金黄色腺点；聚伞花序，花冠粉红色，冠檐二唇形，雄蕊 4，花柱先端 2 浅裂；小坚果长圆形；花果期夏季。

姜味草属属名是由希腊语中的“小（micro）”和“部分（meris）”两个词组成的，描述其花叶娇小的特点。本种种加词“*biflora*”意为“具二花”，因为它常常在枝条顶端生 1~2 花。姜味草又名小姜草、灵芝草、小香草、胡椒草、柏枝草、桂子香，产云南、贵州。中亚地区至埃塞俄比亚及非洲南部有分布。

（三球）悬铃（木）| *Platanus orientalis* | 悬铃木科悬铃木属

落叶乔木，高可达 30 米，树皮片状剥落；叶宽大，掌状 5~7 裂；春季开花。花单性，雌雄同株，头状花序；小坚果圆锥状。

三球悬铃木就是法国梧桐，别名净土树、

三球悬铃木，摄于哈佛大学自然博物馆玻璃植物标本室。玻璃标本放大呈现了三球悬铃木乒乓球大小的球形头状花序里尖刺状的小坚果，其上的黄色绒毛，以及突出的宿存花柱。

鸠摩罗什树、祛汗树，本种种加词“*orientalis*”是“东方”的意思。

三球悬铃木原产南欧到印度，与法国并无关系，只因为它曾作为上海法租界的行道树栽植，叶子又肖似梧桐树，国人便这样称呼了起来。其实三球悬铃木在中国的栽培历史非常久远，可能远至东晋，“鸠摩罗什树”这一别名便是佐证。鸠摩罗什是东晋时期龟兹国的僧人，曾将大量梵文佛经翻译成汉文，对佛教传播作出了重大的贡献。根据《广群芳谱》记载，“净土树在鄠县南八里，三月开花如桃花，八月结实，状如小栗，壳中皆黄土，俗传鸠摩罗什憩此，覆其履土中所生”，意即传说中，鸠摩罗什自西域风尘仆仆来到长安时，三球悬铃木从他鞋子上的泥土中生出，由此来到中国。

三球悬铃木还有几位已被混淆的“近亲”：一球悬铃木（美洲梧桐，*Platanus occidentalis*）和二球悬铃木（英国梧桐，*Platanus acerifolia*）。一球悬铃木和三球悬铃木在英国杂交出了继承双亲优点的二球悬铃木。它比一球悬铃木耐虫害，又比三球悬铃木耐寒，因此成为了温带地区常见的绿化树种。三种树虽然都叫梧桐，却都不是梧桐。

吊钟（花）｜*Enkianthus quinqueflorus*｜杜鹃花科吊钟花属

落叶灌木或小乔木；叶聚生枝顶，长圆形，先端渐尖；伞房花序，花梗下垂，花冠宽钟状，粉红色或红色，口部5裂，裂片微反卷；蒴果椭圆形，具5棱，果梗直立；春季开花，夏季结果。

吊钟花属属名“*Enkianthus*”是希腊语中“怀孕的花”的意思，本种种加词意为“花五数”。吊钟花又名铃儿花、白鸡烂树、山连召，分布于我国南方多省。东南亚亦有分布。

二月旺｜漏斗泡囊草｜*Physochlaina infundibularis*｜茄科泡囊草属

多年生草本，除叶片外全株被短柔毛；叶互生，卵状三角形，先端急尖；聚伞花序，花萼漏斗状，花后增大宿存，花冠钟形，绿黄色，檐部5浅裂；蒴果盖状开裂；花果期春季。

泡囊草属属名“*Physochlaina*”由“囊状（physa）”和“外衣（chaina）”两个词组合而成，描述其膨大的花萼。本种种加词“*infundibularis*”是“漏斗”的意思。漏斗泡囊草又名华山参、秦参、二月旺、大红参等，产陕西、河南、山西。

六月冷｜石筋草｜*Pilea plataniflora*｜荨麻科冷水花属

多年生草本，根茎匍匐；叶对生，倒卵形，先端长尾状渐尖；聚伞圆锥花序，花黄绿色，雄花被片4，雌花被片3；瘦果卵形，花果期秋季。

冷水花属属名“*Pilea*”源自拉丁语，是“毡帽”的意思。石筋草又名蛇踝节、石稔草、全缘冷水花、六月冷、血桐子草、歪叶冷水麻等，产我国西北、西南、东南地区。东南亚亦有分布。

吊钟花

蓑衣（草）｜獐牙菜｜*Swertia bimaculata*｜龙胆科獐牙菜属

一年生直立草本；基生叶花期枯萎，茎叶对生，卵状披针形，先端长渐尖；圆锥状复聚伞花序，花黄白色，辐状深5裂，上部具多数紫色小斑点，中部具2个半圆形黄绿色大腺斑；蒴果狭卵形；花果期夏、秋。

獐牙菜属属名“*Swertia*”是为了纪念荷兰园艺家、画家伊曼纽尔·斯威特（Emanuel Sweert，1552-1612）而命名。16世纪，欧洲商船从刚刚发现的美洲源源不断运回各种新奇花卉。在没有照相机的年代，植物绘画便成了宣传和销售的最佳媒介。斯威特就是当时的一名杰出的植物画家。本种种加词“bimaculata”是“具两点”的意思，描述其花瓣上2枚醒目的黄绿色大腺斑。

獐牙菜又名黑节苦草、黑药黄、走胆草、紫花青叶胆、蓑衣草等，产我国各地。印度、尼泊尔、东南亚、日本亦有分布。

· 斗篷｜同第六章“羽衣草”

· 延龄（草）｜见第一章“头顶一颗珠”

扛板归｜*Polygonum perfoliatum*｜蓼科萹蓄属

一年生草本；茎攀缘，多分枝，具稀疏皮刺；叶互生，三角形，托叶圆形；总状花序短穗状，花被5深裂，白色或淡红色；瘦果球形；夏季开花，秋季结果。

萹蓄属属名“*Polygonum*”是由希腊语中“多个（poly）”和“膝盖（gonum）”二词组合而成的，描述本属植物节部膨大的特点。本种种加词是“贯叶”的意思。

“扛板归”一名见明朝龚信《古今医鉴》，“其草四五月生，九月见霜即收，叶青如犁头尖，藤上有小茨子，圆黑味酸用藤叶”。扛板归形状奇特，叶片是棱角分明的三角形，圆圆的托叶下，穗状花序会逐渐结出色彩缤纷的果串，球形的果实在其中次第成熟，有的还是绿色，有的已经变蓝，有的转红，最后都成为黑色。传说有人中了蛇毒，眼看就要断气，人们用门板抬着他去找大夫。路上，病人偶然见到一种叶子奇特的植物，便摘来尝了尝，没想到蛇毒竟然痊愈，众人高高兴兴抬着门板回去，还把这种神奇的植物命名为“扛板归（杠板归）”。扛板归又名贯叶蓼、刺犁头，产我国南北多省。俄罗斯、朝鲜、日本、印度、东南亚亦有分布。

獐牙菜

还魂（草）｜紫菀｜*Aster tataricus*｜菊科紫菀属

多年生直立草本；叶互生，长圆形，边缘具齿；头状花序排成复伞房状，舌状花蓝紫色，管状花黄色；瘦果倒卵状长圆形，具冠毛；花果期秋、冬。

紫菀属属名“*Aster*”在拉丁语中意为“星”，本种种加词“*tataricus*”是“鞑靼”的意思。紫菀又名青牛舌头花、山白菜、驴夹板菜、驴耳朵菜、还魂草等，产我国北方。朝鲜、日本、俄罗斯亦有分布。

避蛇生｜*Aristolochia tuberosa*｜马兜铃科马兜铃属

草质藤本；块根纺锤形；叶互生，三角状心形；花单生或2~3朵聚生，花被筒长管状，基部球形，管口扩大呈漏斗状，檐部一侧极短，另一侧延伸成舌片，具5条脉；蒴果倒卵形，6棱，下垂；冬春开花，夏秋结果。

马兜铃属属名在希腊语中是“顺产”的意思，本种种加词“*tuberosa*”意为“具块茎的”。避蛇生又名毒蛇药、牛血莲等，产广西、云南、贵州、四川、湖北。

清水山兰｜清水红门兰｜*Orchis chingshuishania*｜兰科红门兰属

地生草本；具2枚卵圆形肉质块茎；茎基部具1~2枚筒状鞘，鞘上具3枚叶；披针形叶互生；总状花序，花瓣粉红色，边缘具睫毛，与中萼片靠合呈兜状，唇瓣下部3裂，具长距，表面有红色斑点；春季开花。

红门兰属属名“*Orchis*”在希腊语中是“形如睾丸”的意思，描述其埋在地下的成对肉质块茎。本属植物中有一种原产地中海地区的大名鼎鼎的“裸男花”（*Orchis italica*），唇瓣长得活脱脱就像一个“五肢”俱全的裸体男子。在当地传说中，玩弄感情的男人来生就会变成裸男花，出乖露丑直至凋零。清水山兰产中国台湾东部，生于山地岩石上。

春不老｜东方紫金牛｜*Ardisia elliptica*｜报春花科紫金牛属

常绿灌木；叶互生，椭圆形，厚实，略肉质；亚伞形或复伞房花序，花白色至粉红色，花瓣5枚，广卵形，具黑腺点；浆果红色至紫黑色，具极多的小腺点。

紫金牛属属名“*Ardisia*”是拉丁文中“点”的意思，描述其花药先端点尖的特点。

本种种加词“*elliptica*”意为“椭圆形”。东方紫金牛又名春不老，英文名有“鞋扣树（shoebutton ardisia）”“鸭子眼（duck's eye）”和“珊瑚果（coralberry）”等。

东方紫金牛产印度、东南亚、新几内亚等地，在世界各地广泛栽培为园林植物。不料它适应能力极强，在南美、澳洲热带地区、美国佛罗里达南部、加勒比海地区和许多太平洋岛屿已经成为入侵植物。

疏花地榆｜*Sanguisorba diandra*｜蔷薇科地榆属

多年生草本；羽状复叶，小叶卵圆形，互生或近对生，顶端圆钝，边缘具锯齿；头状花序组成圆锥花序，无花瓣，萼片淡绿色或淡紫色，覆瓦状排列如花瓣状，雄蕊2枚，子房1，柱头多分枝，瘦果小；花果期春夏。

地榆属属名“*Sanguisorba*”意为“吸收血液的”，本种种加词“*diandra*”是“雄蕊2枚”的意思。疏花地榆产西藏，生于山坡草地、林缘和灌丛中。

夏无踪｜单苞鸢尾｜*Iris anguifuga*｜鸢尾科鸢尾属

多年生草本；根状茎在地面处膨大成球形；基生叶条形，茎生叶狭披针形；花蓝紫色，狭长裂片6，2轮，微香，具蓝褐色条纹和斑点；蒴果三棱状纺锤形；冬季常绿，春季开花，初夏结果后枯萎。

单苞鸢尾又名避蛇参、春不见、蛇不见、仇人不见面、夏无踪等，产安徽、湖北、广西等地。民间常用其根状茎治疗毒蛇咬伤。英文中，单苞鸢尾叫作“蛇毒鸢尾（snakebane iris）”。

石上青苔｜地卷｜*Peltigera rufescens*｜地卷科地卷属

叶状地衣；上表面湿时深蓝绿色，干时棕色，光滑无绒毛，边缘有皱波，下表面边缘向心颜色变深，具明显宽脉纹；假根束状；子囊盘马鞍形翘起，盘面近圆形；光合共生物为蓝细菌。

地卷属属名“*Peltigera*”来自拉丁语的“小盾（pelta）”，本种种加词“*rufescens*”意为“微带红色”。

地卷不是植物，而是一种叶状地衣，是真菌和绿藻“分工合作”而形成的共生体，其中真菌负责提供水和矿物质，绿藻负责进行光合作用，协力在严酷的环境中生存。在干旱时，地衣可以脱水休眠，静待来日，由此可生存上千年。《滇南本草》记载，地卷“生石上或贴地，绿细叶自卷成虫形”“民族地区呼为石上青苔”。

八担杏 | 扁桃 | *Amygdalus communis* | 蔷薇科桃属

乔木或灌木；一年生枝上叶互生，短枝上叶常簇生，叶披针形，有柄，边缘具浅钝锯齿；花单生于短枝，先叶开放，花瓣长圆形，白色，随后基部转红色；核果斜卵形，扁平；春季开花，夏季结果。

扁桃原产中东温暖干旱地区，我国新疆、陕西、甘肃等地区有少量栽培。八担杏（巴旦杏）是扁桃维语名字的音译。

人类驯化扁桃的历史要追溯到公元前两三千年前的铜器时代，逐渐选育出甜味种仁的品种，成为走入千家万户的美味果仁。梵高于 1890 年创作的那幅著名的《杏花》，画的其实是扁桃。

· 沉香蜜友 | 同第六章“荼蘼”

雨过天晴 | 鸢尾叶风毛菊 | *Saussurea romuleifolia* | 菊科风毛菊属

多年生草本；茎直立，有棱，密被长毛；基生叶多数，茎生叶少数，均为狭线形；头状花序单生于顶，总苞片 5 层，管状小花紫色；瘦果具羽毛状冠毛；花果期夏季。

风毛菊属属名“*Saussurea*”是为了纪念瑞士化学家、植物生理学家德·索绪尔（Nicolas-Théodore de Saussure，1767-1845）而命名。索绪尔出身自然科学研究世家，自小就随地质学家父亲在高山地区探险、采集，是研究植物光合作用的先驱。鸢尾叶风毛菊又名蛇眼草、雨过天晴，分布于四川、云南。

· 一把伞（南星）| 同第四章“打蛇棒”

小山飘风 | 豆瓣还阳 | *Sedum filipes* | 景天科景天属

一年或二年生草本；宽卵形叶对生或轮生，先端圆，基部有距；伞房花序顶生及腋生，花瓣 5，淡红紫色，雄蕊 10，披针状心皮 5；花果期秋季。

豆瓣还阳又名小山飘风，产我国东南、西南地区。

枣对莓，栗对荞，仙草对蟠桃
苦菜对香草，甘薯对辣椒
柳穿鱼，蜂出巢，酸豆对香蕉
冰花凌水挡，雪滴隔山消
云上杜鹃霍而飞，山头姑娘忽地笑
河内坡垒，溪沟七叶一枝花
山野坝子，海淀九味一枝蒿

枣｜*Ziziphus jujuba*｜鼠李科枣属

落叶小乔木；枝之字形曲折，具托叶刺，当年生枝下垂；叶互生，卵圆形，顶端钝，边缘具圆齿，基脉三出；花单生或聚伞花序腋生，黄绿色，两性，5基数；核果矩圆形，熟时红色，肉质中果皮味甜；夏季开花，秋季结果。

枣属属名“*Ziziphus*”和本种种加词“*jujuba*”分别来自希腊语和阿拉伯语中枣的名称。本种原产我国，栽培历史可追溯到七千多年前，是最早被人类种植的水果之一。枣由酸枣驯化而来。根据《埤雅》，两者都有刺（古称“朿”），一个是高大的乔木，二“朿”相叠为“棗（枣的正体字）”；一个是丛生的灌木，二“朿”相并为“棘”。两个字充分体现了中文“以形会意”的特点。

枣花期长达两个月，芳香多蜜，是一种常见的蜜源植物。在盛夏时节，芳香的小花就会结出香甜可口的果实。《诗经·七月》“八月剥枣，十月获稻”的诗句中，描述的就是人们八月打红枣、十月收稻谷的劳作时令。枣树本身也非常长寿，可达几百，甚至上千年。

枣，摄于布鲁克林植物园。

西藏草莓，摄于西藏林芝。
它甜美的滋味永远留在了我记忆中。

（西藏草）莓｜*Fragaria nubicola*｜蔷薇科草莓属

多年生草本，匍枝纤细；小叶三出，倒卵圆形，顶端圆钝，边缘具缺刻状锯齿；花1至数朵，倒卵形花瓣5，白色，基部具短爪；雄蕊20枚，不等长，雌蕊多数；聚合果卵球形，红色，卵状披针形萼片宿存，紧贴果实。

草莓属属名“*Fragaria*”来自拉丁语，本种种加词“*nubicola*”是“云居士”的意思。草莓的可食用部分是膨大的肉质花托，每一枚“小芝麻”都是一枚种子。西藏草莓产西藏。中亚亦有分布。

粟｜小米｜*Setaria italica*｜禾本科狗尾草属

一年生草本；秆粗壮，直立；叶片线状披针形；圆锥花序，通常下垂，小穗具显著刚毛，椭圆形。

狗尾草属属名“*Setaria*”在拉丁语中是“刚毛”的意思，描述其小穗上的长毛。本种种加词“*italica*”意为“意大利的”，但真正的发源地在中国。

小米是狗尾草（*Setaria viridis*）经人工栽培选育得到的农作物，在我国已经有七八千年的栽培历史，早在新石器时代黄河流域的裴李岗文化中就有耕种。在水稻种植兴起之前，小米曾是广大中国北方居民的主食。小米饭十分好熟，因此人们用“黄粱一梦”这个典故来形容“蒸个小米饭的工夫”做的虚幻美梦。小米田中常常会混入未驯化的狗尾草，两者同源，幼苗很难用肉眼分辨，这就是“良（小米）莠（狗尾草）不齐”的由来。

小米还有一个独特的用途，在古代还没发明水泥的时候，人们曾用小米粥和沙子、石灰的混合物来制作城墙砖的黏合剂。

荞麦｜ *Fagopyrum esculentum* ｜蓼科荞麦属

一年生直立草本；茎绿色或红色；叶三角形，顶端渐尖，基部心形，两面沿叶脉具乳头状突起；总状或伞房花序，花被 5 深裂，白色至淡红，被片椭圆形，雄蕊 8，花药红色，花柱 3；瘦果卵形，具 3 锐棱。

荞麦属属名“*Fagopyrum*”是“果似山毛榉”的意思，因为它的瘦果与水青冈属的山毛榉结出的坚果很像，本种种加词“*esculentum*”是“可食”的意思。荞麦又名莜麦、乌麦、花荞，是一种风味独特的粗粮和蜜源植物，我国各地均有悠久的栽培历史。

荞麦加工出的面粉也叫作莜面，味道香甜，饱腹感强，是劳动人民的好食物。《本草纲目》记载它“茎弱而翘然，易长易收，磨面如麦，故曰荞，曰莜……南北皆有之，立秋前后下种，密种则实多，稀则少，八九月熟”。荞麦花洁白美丽，在各种作物中尤为秀美，开花时正是白居易笔下“独出门前望野田，月明荞麦花如雪”的浪漫场景。这种浪漫中又满溢着最朴实的喜悦和幸福，如陆游那首《荞麦熟刈者满野喜而有作》，“城南城北如铺雪，原头家家种荞麦；霜晴收敛少在家，饼饵今冬不忧窄；胡麻压油油更香，油新饼美争先尝”，读之让我想起姥姥家做的莜面鱼鱼和莜面窝窝。

仙草｜凉粉草｜ *Mesona chinensis* ｜唇形科凉粉草属

一年生草本；叶窄卵形或近圆形，边缘具锯齿；轮伞花序组成顶生总状花序，花冠二唇形，白或淡红色，上唇具 4 齿，下唇全缘，舟状；小坚果黑色；花果期夏秋。

凉粉草又名仙草、仙人冻等，产我国东南和华南地区。把凉粉草晒干煎汁，混合米浆煮熟后冷却，可以得到一种软糯弹润的黑色“仙草冻”，再加上糖水、蜂蜜来调味，就是一碗夏日的解暑良品。

蟠桃｜*Amygdalus persica* var.*'Compressa'*｜蔷薇科桃属

和原种相比，蟠桃形状扁平，果核较小，圆形，上有深深沟纹。

苦菜｜乳苣｜*Lactuca tataricum*｜菊科莴苣属

多年生直立草本；叶长椭圆形至线形，羽状浅裂或具粗齿，顶端钝或急尖；头状花序组成顶生的圆锥花序，总苞片4层，舌状小花紫蓝色，管部有白色短柔毛；瘦果长圆披针形，灰黑色；花果期6~9月。

乳苣属属名“*Lactuca*”来自希腊语的“乳汁”一词，本种种加词意为“来自鞑靼地区”。乳苣产我国南北多省，欧洲、俄罗斯、中亚等地亦广泛分布。

香草｜灵香草｜*Lysimachia foenum-graecum*｜报春花科珍珠菜属

草本，全株芳香；老茎匍匐，当年生茎上升，具棱；叶互生，广卵至椭圆形，先端锐尖，边缘波状；单花腋生，花冠黄色，辐状深5裂，裂片长圆形，花丝合生成筒；蒴果近球形；春季开花，夏秋结果。

灵香草又名香草、尖叶子、闹虫草等，产云南、广西、广东和湖南。印度亦有分布。灵香草香气浓郁持久，过去人们用来做香料和驱虫。

甘薯｜番薯｜*Ipomoea batatas*｜旋花科虎掌藤属

多年生草质藤本，具乳汁；块根白或黄色；茎生不定根，匍匐；叶卵状心形，全缘或具缺裂；聚伞花序，花冠粉红、白、淡紫或紫色，漏斗状，雄蕊及花柱内藏；蒴果卵形。

番薯又名甘薯、山芋、地瓜、红薯、红苕、白薯等，原产南美洲。15世纪，哥伦布航海归来，将番薯、土豆等作物作为礼物献给了西班牙女王。随后，番薯乘着商船传播到西班牙各个殖民地。

在当时的西班牙殖民地之一菲律宾，中国商人陈振龙敏锐地意识到，这种易种、高产的作物或许可以缓解家乡的饥荒。万历二十一年（1593年），陈振龙不顾西班牙政府的禁令，将番薯苗绞入帆船缆绳中带回福建，从此番薯在中国各地广为种植。

《广群芳谱》记载，徐元扈谓甘薯有十二胜，它产量高，味道好，有益健康，“剪茎作种，次年便可种数十亩”，“枝叶附地，随节生根，风雨不能侵损”，当粮食饱腹感强，“可充笾实”，可酿酒，风干后好贮存，生熟皆可食，用地少，不费人工，可谓是劳动人民最喜爱的食物了。

“黑匈牙利”辣椒（*Capsicum annuum* ‘Black Hungarian’），摄于布鲁克林植物园。

辣椒 | *Capsicum annuum* | 茄科辣椒属

一年生或有限多年生植物，多分枝；单叶互生，矩圆形至卵状披针形，顶端短渐尖或急尖；花单生，俯垂，花冠辐状，5 中裂；浆果无汁，顶端渐尖且常弯曲，种子扁肾形；花果期夏秋。

辣椒属属名“*Capsicum*”在希腊语中是“盒子”的意思，本种种加词“*annuum*”意为“一年生”。

为保护自己的种子，辣椒进化出了辣味，没想到却因此成了人类最喜爱的调味料之一，其含有的辣椒素可以作用于口腔中的痛感神经通路，让大脑释放内啡肽，产生一种“痛并快乐着”的欣快感。

辣椒原产中美洲，早在六千年前就被人类驯化。15 世纪，哥伦布为了寻找香料大国印度而踏上航海之旅，没想到误打误撞发现了美洲，以为那里的辣椒就是自己心心念念的胡椒，将其命名为“pepper”。到了 16 世纪，葡萄牙人才将辣椒带到了印度本土。明末清初，辣椒由商船带到了广东和福建沿海，从此在中国大地传播开来。

柳穿鱼｜*Linaria vulgaris*｜车前科柳穿鱼属

多年生草本；茎直立，叶互生，条形；总状花序，花冠黄色，筒状，基部有长距，檐部二唇形，上唇 2 裂，下唇 3 裂，向上唇隆起，隆起部分橙黄色；蒴果卵球状。

柳穿鱼属的属名“*linaria*”意为“像亚麻的”，本种种加词“*vulgaris*”是“普通”的意思。“柳穿鱼”这个名字实在活灵活现：它的小花尾部有条上翘的长距，头部是圆润的唇瓣，十几、二十朵一起着生在直立向上的花序轴上，好似一群小鱼在奋力游向水面。柳穿鱼有许多英文名，比如“黄油和鸡蛋（butter and eggs）”“面包和黄油（bread and butter）”和“鸡蛋和培根（eggs and bacon）”，仿佛是一家早点铺的菜单。这些名称都很形象：柳穿鱼花朵的下唇有一个圆鼓鼓的橙黄色隆起，周围的上下唇裂片都是奶油一般的淡黄色，看起来活像一颗颗诱人的溏心蛋。由于柳穿鱼花冠的下唇隆起，紧紧顶住了上唇，只有蜜蜂和熊蜂等壮实勇猛的昆虫才能挤进去饮用甘美的花蜜。

柳穿鱼产欧洲、北美和亚洲北部，我国北方有分布。

欧洲柳穿鱼，摄于伊萨卡。

蜂出巢｜*Centrostemma multiflorum*｜夹竹桃科蜂出巢属

直立或附生蔓性灌木；叶对生，长圆形；聚伞花序腋外生或顶生，花冠黄白色，星形深裂，开放后反折，喉部具长硬毛；副花冠 5 裂，披针形裂片着生于合蕊冠背部，基部长距星状射出；蓇葖单生，线状披针形。

本种种加词是“多花”的意思。蜂出巢别名飞凤花、流星球兰，云南、广西和广东有分布或栽培，东南亚广泛分布。

蜂出巢，摄于华南植物园。

酸豆｜ *Tamarindus indica* ｜豆科酸豆属

常绿乔木，高可达二十余米；偶数羽状复叶互生，小叶长圆形，先端圆钝；总状花序，花黄色，具紫红色条纹，萼管檐部4裂，裂片长圆形，与花瓣等长，花瓣边缘皱折，后3片发育，前2片退化呈鳞片状；荚果长圆柱形。

酸豆原产非洲，在我国栽培历史久远，又名酸角、罗望子，肉质中果皮酸甜可口，是美味的水果，亦可制成蜜饯。《桂海虞衡志》记载："罗望子，壳长数寸，如肥皂，又如刀豆，色正丹，内有二三实，煨食甘美"。酸豆的酸味来自其中所含的酒石酸。东南亚地区常用它制作酸味调料。

香蕉｜ *Musa acuminate Colla (AAA)* ｜芭蕉科芭蕉属

多年生丛生草本，高可达2~4米；叶鞘紧密重叠组成假茎，浓绿带黑斑；叶大型，长圆形；穗状花序下垂，苞片紫红色，花乳白色；浆果肉质，果身弯曲。

本种种加词"*acuminata*"是"矮小"的意思。香蕉植株高大，但它的茎不具有形成层，是世界上最大的草本植物。现在世界上大部分人食用的香蕉都是由小果野蕉（*Musa acuminate*）驯化而来的三倍体果实，无法结出种子，只能无性繁殖，因此它们都是同一个体的克隆，口味也比较统一、稳定。

香蕉，摄于西双版纳植物园。

冰花｜冰叶日中花｜*Mesembryanthemum crystallinum*｜番杏科日中花属

一年生或二年生草本，全株具透明颗粒状盐囊；茎匍匐；卵形叶互生，带肉质，抱茎，边缘波状；花单个腋生，花瓣多数，线形，白色至淡红色，丝状花柱5，柱头5；蒴果5室。

本种种加词“*crystallinum*”是“像水晶”的意思。冰叶日中花又名冰草、冰花。

冰叶日中花原产非洲南部靠近海岸的沙漠地带。为了在干旱盐碱的环境中生存，它叶片、枝条、果实等部位上密密麻麻地生着泡泡状的盐囊，储存着多余的盐分。现在，很多沿海地区都会引入冰叶日中花来防风固沙。

自带盐分和有机酸的冰叶日中花，不仅看着玉雪可爱，食用亦美味，是一种自带“调料”、口感脆爽的优秀蔬菜。

凌水挡｜菖蒲｜*Acorus calamus*｜菖蒲科菖蒲属

多年生草本，芳香；线形叶2列基生；花梗三棱形，佛焰苞剑状，肉穗花序，黄绿色花紧密排列，花两性，被片6枚，2轮；红色浆果长圆形，红色；夏季开花。

单子叶植物中，菖蒲属十分独特，是菖蒲目下唯一科菖蒲科内的独苗。菖蒲属属名“*Acorus*”在希腊语中意为“瞳孔”，因人们曾用这种植物来治疗眼疾。本种种加词“*calamus*”来自希腊语中一种芦苇的名字。

菖蒲广泛分布于全球温带、亚热带地区的水边和湿地。在我国，菖蒲古名昌本、昌阳、昌歜、尧韭、荪等，在各地还有野枇杷、水剑草、凌水挡、十香和等俗名。

先秦时期，菖蒲是一种蔬菜。《周礼》有“朝事之豆，其实韭菹、醓醢、昌本、麋臡、菁菹、鹿臡、茆菹、麇臡”的记载，把菖蒲根茎制成的腌菜和腌韭菜、肉汁、麋肉酱、腌芜菁、腌莼菜、獐肉酱并列。《吕氏春秋》中亦记载“文王嗜菖蒲菹，孔子闻而服之，缩頞而食之，三年然后胜之”，意思是说孔子听说周文王爱吃腌菖蒲，虽然不喜欢它的味道，也硬着头皮去吃，三年后才勉强习惯了它的味道。有趣的是，许多唐宋诗人都写过“神仙劝我吃菖蒲来延年益寿”的诗句，比如李白的“我（神仙）来采菖蒲，服食可长年”、张籍的“仙人劝我食，令我头青面如雪”、苏辙的“仙人劝我食，令我好颜色”和陆游的“仙人教我服，刀匕蠲百疾”。看来菖蒲真的不好吃，就算对身体有好处，还是要神仙苦口婆心地劝大家吃才行。

雪滴（花）｜*Galanthus nivalis*｜石蒜科雪滴花属

多年生草本；鳞茎球形；叶基生，线形；花茎直立，单花顶生，下垂，花冠钟形，白色，花瓣6枚，2轮，外轮较长且凸起，内轮杯状，花药6枚，子房3室；蒴果。

雪滴花（上）和雪片莲（下），摄于康奈尔大学校园。

雪滴花属属名“*Galanthus*”由希腊语中的“牛奶（gala）”和“花（anthus）”组合而来，描述其纯白的花色，本种种加词“*nivalis*”是“雪”的意思。雪滴花（snowdrop）总在早春积雪中绽开最初的花苞，又叫作雪花莲、雪铃花、铃兰水仙、待雪草等，原产欧洲中部和亚洲。

雪滴花和石蒜科另一种植物雪片莲（*Leucojum vernum*，英文名 snowflake）很像。它们主要的区别是，雪滴花花瓣雪白，外轮3枚较长，内轮3枚为杯状，而雪片莲内外两轮花瓣等长，呈铃铛状，每枚花瓣尖端都有一个黄绿色斑点，可以吸引昆虫传粉。

隔山消｜*Cynanchum wilfordii*｜夹竹桃科鹅绒藤属

多年生草质藤本；心形叶对生，两面被柔毛，干时常变黑色；半球形聚伞花序，淡黄色花冠辐状5裂，裂片长圆形，副花冠比合蕊柱短，深5裂，裂片近四方形，先端截形；披针形蓇葖果单生；夏季开花，秋季结果。

隔山消又名过山飘、无梁藤、隔山撬，产我国南北多省。朝鲜、日本亦有分布。

云上杜鹃｜*Rhododendron pachypodum*｜杜鹃花科杜鹃花属

常绿灌木，偶见附生；幼枝密被褐色鳞片，无毛；倒卵形叶互生；总状花序顶生，花冠宽漏斗状，白色，外面带淡红色晕，内面有一淡黄色斑块；蒴果卵形。

本种种加词"*pachypodum*"是"脚跟（茎）粗壮"的意思。云上杜鹃别名白豆花、波瓣杜鹃，产云南。

霍而飞｜风吹楠｜*Horsfieldia glabra*｜肉豆蔻科风吹楠属

常绿乔木，高10~25米；树皮灰白色；叶长圆形，先端急尖；雄花序圆锥状腋生，花被2~3裂（稀4），雄蕊聚合成平顶球形；雌花序着生于老枝上，雌花花被裂片2，无花柱；果卵圆形，橙黄色，具短喙。

本种种加词"*glabra*"是"光亮"的意思。风吹楠别名霍而飞、荷斯菲木、桃叶贺得木等，产云南、广东、广西等地。东南亚亦有分布。它的种子含油量高，可作工业用油。

山头姑娘｜平枝栒子｜*Cotoneaster horizontalis*｜蔷薇科栒子属

落叶或半常绿匍匐灌木；枝平展，成整齐两列状，叶近圆形；花单生或2朵，花瓣5，倒卵形，先端圆钝，粉红色；果实近球形，鲜红色，常具3小核。

栒子属属名"*Contoneaster*"意为"类似榅桲的"，本种种加词"*horizontalis*"是"水平生长"的意思。平枝栒子别名栒刺木、岩楞子、山头姑娘、矮红子，产陕西、甘肃、湖北、湖南、四川、贵州、云南。尼泊尔亦有分布。

忽地笑｜ *Lycoris aurea* ｜石蒜科石蒜属

多年生草本；鳞茎卵形，开花后出叶，叶剑形，顶端渐尖，中间具明显淡色带；伞形花序，花黄色；花被漏斗状，上部 6 裂，裂片倒披针形，强度反卷皱缩；蒴果三棱，室背开裂，种子近球形，黑色；秋季开花。

石蒜属属名“*Lycoris*”相传来自古罗马政治家马克·安东尼的情妇、女演员 Lycoris 的名字，本种种加词“*aurea*”是“金色花”的意思。初夏时节，它的叶片便会凋零，为开花储备能量，到了秋天，金色的花朵从不起眼的花茎上倏忽绽放，展露灿烂的笑颜，“忽地笑”因此而得名。

忽地笑分布于我国南方多省，日本和东南亚亦有栽培。

河内坡垒｜ *Hopea hongayensis* ｜龙脑香科坡垒属

乔木，高 20~30 米，具白色芳香树脂；树皮浅灰色；叶长圆形，先端渐尖；圆锥花序腋生，花萼裂片 5，覆瓦状排列，花瓣 5 枚；雄蕊 10~15 枚，两轮排列，药隔附属体锥状；坚果卵圆形。

坡垒属属名“*Hopea*”是为了纪念英国第四代斯坦厄普伯爵（Philip Henry Stanhope, 4th Earl Stanhope，1781-1855）而命名，他曾担任 19 世纪英国药用植物学会（Medico-Botanical Society）主席。本种种加词“*Hongayensis*”是“来自越南鸿基（Hongay）”的意思。河内坡垒产越南。云南亦有分布。

溪沟（草）｜溪黄草｜ *Isodon serra* ｜唇形科香茶菜属

多年生直立草本；茎叶对生，卵圆形，先端渐尖，边缘具粗齿；聚伞花序组成顶生的圆锥花序，花冠筒状，紫色，冠檐二唇形；成熟小坚果阔卵圆形，果时花萼增大成壶状。

香茶菜属属名“*Isodon*”意为“具等齿的”，溪黄草别名溪沟草、山羊面、大叶蛇总管等，产我国南北多省。俄罗斯、朝鲜亦有分布。

七叶一枝花｜ *Paris polyphylla* ｜藜芦科重楼属

多年生草本；叶 7~10 枚轮生于茎顶部，矩圆形；花单生叶轮中央，外轮花被片柳叶状，绿色，4~6 枚，内轮花被片长线形，雄蕊

忽地笑

七叶一枝花

8~12枚，子房近球形，花柱基盘状；蒴果紫色。

本种种加词“*polyphylla*”是“多叶”的意思。李时珍说，“虫蛇之毒，得此治之即休”，所以七叶一枝花别名蚤休。其他别名还有紫河车、重台、重楼金线、三层草等。范成大有一首《紫荷车》，以“绿英吐弱线，翠叶抱修茎；矗如青旄节，草中立亭亭”形象地描绘了七叶一枝花的花序和株形。

七叶一枝花产西藏、云南、四川和贵州。东南亚、印度等地亦有分布。

山野坝子｜鸡骨柴｜*Elsholtzia fruticosa*｜唇形科香薷属

直立灌木；披针形叶对生，边缘具粗齿；轮伞花序组成穗状花序，花冠筒状，白色至淡黄色，冠檐二唇形，边缘具长柔毛，花柱和1对雄蕊伸出花冠，花柱先端2裂；小坚果长圆形。

香薷属属名“*Elsholtzia*”是为了纪念德国博物学家约翰·西吉斯蒙德·埃舒尔茨（Johann Sigismund Elsholtz，1623-1688）而命名。这位博物学家是17世纪时勃兰登堡选帝侯腓特烈·威廉（Friedrich Wilhelm，1620-1688）任命的炼金术师和医生，曾为他管理植物园。除此之外，埃舒尔茨还是人体测量学、卫生学和营养学方面的先驱。本种种加词“*fruticosa*”是“灌木状”的意思。鸡骨柴别名双翎草、老妈妈棵、瘦狗还阳草、山野坝子、香芝麻叶、紫油苏、小花香棵、扫地茶、酒药花、沙虫药等，产我国西北、西南和东南地区。南亚亦有分布。

海淀（子）｜角果木｜*Ceriops tagal*｜红树科角果木属

灌木或乔木，叶痕明显，叶倒卵形，干燥后反卷；聚伞花序腋生，花冠白色，顶部有2~3个棒状附属物；果实长棒状。

角果木别名海淀子、剪子树等，产我国热带地区的海滩和沼泽地。东南亚亦有分布。角果木耐盐、耐寒，木材可用于制船。

九味一枝蒿｜地胆草｜*Ajuga bracteosa*｜唇形科筋骨草属

多年生草本，具匍匐茎；基生叶有柄，基生叶匙形，茎生叶倒卵形，具轻微圆齿；轮伞花序组成穗状花序，唇形花冠紫色，带有深紫色斑点；小坚果倒卵状三棱形。

本种种加词“*bracteosa*”意为“有苞片的”。九味一枝蒿产云南和四川。东南亚亦有分布。

玖 LEGENDS 传说

蓼对藜，楝对槐，覆瓦对楼台

波岸对天堂，净土对蓬莱

倒水莲，冲天柏，包袱对布袋

屋根芨芨草，车前梭梭柴

空心苦嫦娥奔月，同心结八仙过海

天青地红，玉叶金花爬崖香

冬虫夏草，金盏银台照山白

（春）蓼 | *Polygonum persicaria* | 蓼科萹蓄属

一年生草本；叶互生，披针形，顶端渐尖；总状花序呈穗状，顶生或腋生，花被通常5深裂，紫红色，裂片长圆形；瘦果近圆形。

本种种加词“*persicaria*”是“叶似桃叶”的意思。春蓼广布于世界各地。

春蓼，摄于纽约。

藜 | *Chenopodium album* | 苋科藜属

一年生草本；茎直立，多分枝；叶菱状卵形，边缘具不整齐锯齿；两性花簇生于枝上部，组成穗状或圆锥状花序，花被5裂；胞果卵形。

藜属属名“*Chenopodium*”由希腊语中“鹅（chen）”和“足（podium）”两个词组成，本种种加词“*album*”是“白色”的意思。

藜古名莱、藋，又叫作胭脂菜、鹤顶草。《诗经·小雅》“南山有台，北山有莱”中的“莱”，说的便是藜。藜这种随处可见的野草也可做野菜食用，它的幼苗维生素含量还挺高，甚至超过了很多常见的蔬菜。《韩非子·五蠹》载，“尧之王天下也，粝粱之食，藜藿之羹”；《庄子·让王》云，“孔子穷於陈蔡之间，七日不火食，藜羹不糁”；陶潜《咏贫士》其三写道，“弊襟不掩肘，藜羹常乏斟”；韩愈曾作“藜羹尚如此，肉食安可尝”；陆游亦曾作“子孙毋厌藜羹薄，此是吾家无尽灯”，对这种平凡人家的菜蔬给予了高度评价。古人食用藜的记载甚多，但灰藜是光敏性植物，食用可能会导致光敏性皮炎。

藜在全球温带及热带地区均有分布。

藜，摄于北京大学。

楝 | 苦楝 | *Melia azedarach* | 楝科楝属

落叶乔木，高达十余米；树皮灰褐色，纵裂；2~3回奇数羽状复叶，卵圆形小叶对生；圆锥花序，花瓣淡紫色，倒卵形，雄蕊管紫色；核果椭圆形。

苦楝有苦苓、森树、翠树、旃檀、紫花木、花心树、双白皮、金铃子、洋花森等别名。根据《本草纲目》，“楝”因“可以练物”而得名，“金铃子”一名则因“其子如小铃，熟则黄色”而得。

楝花气味芬芳，因此《佛说戒香经》将楝花与各种香花并举，以衬托戒香："旃檀郁金与苏合，优钵罗并摩隶花，如是诸妙花香中，唯有戒香而最上。"王安石曾写下"小雨轻风落楝花，细红如雪点平沙"的绝句，描述苦楝花落的旖旎景象。《岁时记》中记载，因人们认为"蛟龙畏楝"，所以以楝叶包粽子，投入江中祭祀屈原。

苦楝产我国南部省区，是优良的造林物种，目前已广泛引种栽培。

楝，摄于哈佛大学自然博物馆玻璃植物标本室。标本展示了苦楝的枝条、花序和放大的雄蕊、雌蕊，以及子房的横纵剖面。

槐｜*Styphnolobium japonicum*｜槐科槐属

乔木；树皮灰褐色，具纵裂纹；羽状复叶，小叶卵圆形，对生或近互生，先端渐尖；圆锥花序顶生，蝶形小花白色；荚果如同串珠，果荚半透明，内包颗粒分明的卵球形种子。

槐树曾经一度被归入苦参属（*Sophora*），但随着分子生物学的发展，植物学家们发现槐树与苦参属亲缘关系较远，不仅不与固氮菌共生，染色体数目也更多，因此另立槐属（*Styphnolobium*）。

槐树在中国古代文化中被赋予了权威的意味。《周礼》中有"三槐九棘"的记载，"左九棘，孤、卿、大夫位焉，群士在其后；右九棘，公、侯、伯、子、男位焉，群吏在其后；面三槐，三公位焉，州长、众庶在其后"，也就是说三公朝见天子时要站在槐树下面。西汉《春秋元命苞》记载："槐之言归也。古者树槐，听讼其下，使情归实也。"古时的诉讼机构因此被称为"槐门"和"槐堂"。槐树也是优良的蜜源植物，七八月份，人们还常常采摘新鲜槐花食用，滋味芳香清甜。

覆瓦（蓟） | *Cirsium leducii* | 菊科蓟属

多年生草本，茎直立，分枝和花序下生灰白色绒毛；叶羽状深裂，裂片顶端具锋利针刺，形如张牙舞爪的鱼骨；头状花序排列成伞房花序，小花紫红色。

覆瓦蓟分布在广东、广西、云南和贵州等地。

楼台（花） | 美花报春 | *Primula calliantha* | 报春花科报春花属

多年生草本；叶丛基部具覆瓦片状鳞片，形似鳞茎；叶狭卵形至披针形，先端圆钝；伞形花序，花淡紫红色至深蓝色，喉部被黄粉，花冠5裂，裂片顶端具缺裂。

本种种加词“*calliantha*”是“花朵美丽”的意思。楼台花分布于云南高海拔地区的山顶草地（见下页插图）。

彼岸（花） | 石蒜 | *Lycoris radiata* | 石蒜科石蒜属

多年生草本，鳞茎近球形；叶狭带状，深绿色；伞形花序，花鲜红色，花瓣狭倒披针形，波浪状起伏、反卷，纤长优美的雄蕊伸出花瓣之外。

石蒜，摄于华南植物园。

本种种加词“*radiata*”意为“辐射状的”，描述其伞形花序的形态。在中国，石蒜有很多画风殊异的别名，有的诡异妖冶，如“彼岸花”和“曼珠沙华”；有的却很接地气，比如“老鸦蒜”“蒜头草”等。它的英文名有“红蜘蛛百合（red spider lily）”“飓风百合（hurricane lily）”和“复活百合（resurrection lily）”等。

石蒜的球茎有剧毒，在日本，人们把石蒜种在稻田和房屋周围来祛避害虫。石蒜在秋分的肃杀时节开放，花朵猩红超尘，且有叶落花发的习性，“花叶永不相见”，便不可避免地和离别、死亡、往生等意象联系在了一起。

美花报春

天堂（花）｜*Solanum wendlandii*｜茄科茄属

常绿藤本；叶卵形，背面中脉上具深紫色尖刺；圆锥花序，花冠星状辐形，初开时为深紫色，花期中有些许褪色。

茄属属名“*Solanum*”有“镇静”之义，因属中一些物种的麻醉作用而得名。天堂花原产中美洲热带地区，分布在墨西哥南部、哥斯达黎加、危地马拉等地，其种加词“*wendlandii*”是为了纪念德国海恩豪森皇家植物园园长赫曼·温德兰（Hermann Wendland，1825-1903）。1887 年，他首次将天堂花带到伦敦邱园，由约瑟夫·胡克（Joseph Hooker, 1814-1879）为其命名。天堂花还有一些不那么优美的英文别名，比如“大土豆藤（Giant Potato Creeper）”和“离婚藤（Divorce Vine）。”

·净土（树）| 同第七章“三球悬铃木”

蓬莱（花）｜瑞香｜*Daphne odora*｜瑞香科瑞香属

常绿直立灌木，枝粗壮，小枝通常紫褐色；叶互生，卵圆形，先端钝尖；数朵淡紫色的花组成头状花序；果实红色。

瑞香属的属名“*Daphne*”来自希腊神话中为躲避太阳神阿波罗追求而变成月桂树的女神达芙妮（Daphne），本种种加词“*odora*”是“芳香”的意思。瑞香还有露甲、蓬莱紫、风流树、蓬莱花等别名。《庐山记》记载了一则关于瑞香名字的传说，一位庐山的出家人白日里在磐石上打盹，“梦中闻花香酷烈”，醒来便寻获，啧啧称奇，取名睡香，又觉得它是“花中祥瑞”，便又取名瑞香。

瑞香含有多种毒性成分，接触可导致过敏，食用可引发鼻咽癌，种植在庭院中可以趋避白蚁。

倒水莲｜商陆｜*Phytolacca acinosa*｜商陆科商陆属

多年生草本，全株无毛，肉质根肥大；茎绿色或紫红色，直立，圆柱形有纵沟；叶长椭圆形，先端急尖；总状花序顶生或与叶对生，密生两性花，小花白色或黄绿色，被片 5；浆果扁球形，黑色。

商陆属属名“*Phytolacca*”是“具红色树液”的意思。商陆别名章柳、山萝卜、见肿消、王母牛、倒水莲、白母鸡等。

在花期，商陆花序上从基部到尖端的小花次第开放，靠近基部的花朵结出紫黑色扁

商陆（上图），摄于北京红螺三险。垂序商陆（下图）在城市环境中似乎更为常见。它来自北美，花序和果序下垂，很好辨认。

球形果实时，尖端可能还是娇嫩的白色花朵甚至花苞，显得错落有致，非常可爱。

别看商陆花序可爱，其毒性却不容小觑。时常有人把商陆的肉质根当做人参而误服，因其中的商陆素和皂苷等成分中毒。很多鸟儿喜食商陆的浆果，却可以免受毒害，因为坚硬的种皮保护着商陆含毒素的种子，它们会随着粪便完好地排出鸟类体外。

冲天柏｜干香柏｜ *Cupressus duclouxiana* ｜柏科柏木属

常绿乔木，高可达 25 米，树皮灰褐色，裂成长条片脱落；鳞叶密生，背面有纵脊和腺槽；球花椭圆形；球果紫褐色，被白粉，种子两侧具窄翅。

柏木属属名“*Cupressus*”来自拉丁语，本种种加词“*duclouxiana*”为纪念 20 世纪早期活跃于云南的法国植物猎人弗朗索瓦·迪克卢（François Ducloux，1864-1945）而命名。冲天柏是我国特有树种，分布在云南海拔 1400~3300 米的干热山坡，是优良木材和造林物种。

包袱（草）｜倒地铃｜ *Cardiospermum halicacabum* ｜无患子科倒地铃属

草质攀缘藤本；二回三出复叶；圆锥花序少花，小花乳白色，萼片和花瓣均为 4 片；卷须螺旋状；种子黑色圆形，上有心形种脐，

倒地铃

新鲜时呈绿色，干燥后呈白色。

倒地铃属属名“*Cardiospermum*”来源于希腊语中“心脏（cardia）”和“种子（sperma）”两个词，因种子上的心形种脐而得名，倒地铃的种加词“*halicacabum*”源自拉丁文中一种相传可以治疗膀胱疾病的植物，或许与其形似膀胱的果实有关。在中国，倒地铃还有风船葛、野苦瓜、包袱草等别名。倒地铃的英文俗名也非常有趣，其一叫作“气球花（balloon plant）”，另一叫作“泡芙里的爱（love in a puff）”，可见别致的植物能让世界各地的人迸发出惊人的想象力。

倒地铃分布于我国东南地区。世界其他热带和亚热带地区亦有分布。

布袋（兰）｜*Calypso bulbosa*｜兰科布袋兰属

地生草本，鳞茎近椭圆形；只有1枚卵形叶片，先端急尖；花葶明显长于叶，花单朵，线状披针形萼片形如花瓣，唇瓣扁囊形，上有紫色斑纹，侧瓣半圆形。

布袋兰属的属名“*Calypso*”是希腊神话中的女海神卡吕普索（Calypso），在史诗《奥德赛》中，正是这位女神用歌声诱惑奥德修斯来到俄古癸亚岛（Ogygia），将他扣留七年之久。布袋兰的种加词“*bulbosa*”意为“有球根的”，描述其假鳞茎。布袋兰的英文名叫作“维纳斯的拖鞋（Venus's slipper）”，描述兰花特有的囊状唇瓣。

布袋兰产我国西北和西南地区的针叶林下。日本、俄罗斯、北欧、北美等地亦有分布。

屋根（草）｜*Crepis tectorum*｜菊科还阳参属

一年生或二年生草本；茎直立，多分枝；叶披针形，基生叶有柄，具锯齿至羽状分裂，中上部茎叶无柄；头状花序组成伞房花序，全部小花舌状，黄色，舌片顶端5齿裂，花冠管外被白色短柔毛；瘦果纺锤形。

还阳参属属名“*Crepis*”在希腊语中是“鞋子”的意思，本种种加词“*tectorum*”意为“屋顶”。屋根草产我国东北和西北地区。欧洲、蒙古、俄罗斯、哈萨克斯坦亦有分布。

芨芨草｜*Achnatherum splendens*｜禾本科芨芨草属

多年生丛生草本；秆直立，坚硬；叶纵卷；圆锥花序顶生，开展，小穗含一小花，两性，基部带紫褐色，成熟后黄色；颖披针形，顶端尖，外稃顶端具2微齿，芒从齿间伸出，具髯毛。

芨芨草产我国北方的草滩及沙地。蒙古、俄罗斯亦有分布。它幼嫩时为优良牧草，成熟后可以造纸和编织。

车前｜*Plantago asiatica*｜车前科车前属

二年或多年生草本，根茎短，叶基生呈莲座状；叶宽卵形，先端钝圆，边缘波状，两面被短柔毛；穗状花序，形如瘦长狼牙棒，花极小，白色；蒴果纺锤状。

车前属属名“*Plantago*”是“足迹”的意思，本种种加词“*asiatica*”意为“来自亚洲的”。车前耐贫瘠、耐旱，能在牛马和车轮的碾压中生存，因此而得名。陆玑在《诗疏》中释名：“此草牛马迹中，故有车前、当道、马舄、牛遗之名，舄，足履也。幽州人谓之牛舌草。蛤蟆喜藏伏于下，故江东称为蛤蟆衣”。《诗经》中朗朗上口的名篇《芣苡》，描写的便是古时妇女三五成群，采摘车前作野菜食用的欢快情景。车前属植物在英语中叫作“跳蚤草（fleaworts）”。这是一种广布世界各地的植物。

开花的车前草，摄于纽黑文。

梭梭柴｜*Haloxylon ammodendron*｜苋科梭梭属

灌木或小乔木；树皮灰白色，老枝灰褐色，叶鳞片状；花极小，着生于二年生枝条的侧生短枝上；胞果黄褐色。

本种种加词是“沙地之树”的意思。

梭梭有固定沙丘作用，常用于沙漠地区的植树造林。梭梭是沙漠植物中难得一见的乔木。为了在沙漠中存活，它进化出了防止散失水分的厚实表皮、鳞片状的退化叶片和可以贮存水分的海绵状树干。在干旱炎热的夏天，梭梭体内的脯氨酸和脱落酸浓度都会上升，使植株的细胞渗透压升高，适时休眠，进入一种“省水模式”。

梭梭产我国西北地区的沙丘和盐碱土荒漠。中亚和西伯利亚地区亦有分布。梭梭根部常有一种叫作肉苁蓉（*Cistanche deserticola*）的植物寄生。人们认为这种植物具有益肾壮阳的作用，甚至将它奉为“沙漠人参”。因此肉苁蓉常常惨遭采挖，连带梭梭一同遭殃。其实现代医学研究并未发现肉苁蓉有什么神奇功效，只不过是“以形补形”的陈旧思想在作怪罢了。

空心苦 | *Pseudosasa aeria* | 禾本科矢竹属

乔木状草本；竿直立，绿色，圆筒形无沟槽；箨鞘近宿存，覆盖着刺毛；椭圆形箨耳，褐色，边缘有细縫毛；箨舌截形；箨片披针形，绿色，边缘有细锯齿；花序位于侧生小枝的顶端。

空心苦产浙江平阳县。

嫦娥奔月 | 月光花 | *Ipomoea alba* | 旋花科虎掌藤属

一年生缠绕草本，有乳汁；茎绿色，圆柱形；叶心形；总状花序，花冠辐形，冠檐5浅裂，白色，硕大芳香，夜间开放；蒴果卵形。

虎掌藤属是旋花科内第一大属，属名“*Ipomoea*”是“形似毛毛虫”的意思，描述其蜿蜒缠绕的样子，本种种加词“*alba*”意为“白色”。月光花的英文名叫作“晨光花（morning glories）”。它总在傍晚开放，洁白芳香的圆形花冠和月色交相辉映，直至第一抹晨光出现才悄然闭合。

月光花原产热带美洲，现在世界各地广泛栽培。在美洲，月光花总和巴拿马橡胶树（*Castilla elastica*）生长在一起。巴拿马橡胶树似乎很适宜月光花攀附，而月光花汁液的提取物则可用于橡胶的硫化。可谓是自然中的黄金搭档。

同心结 | *Parsonsia laevigata* | 夹竹桃科同心结属

攀缘灌木，除花序外全株无毛；叶卵圆形，顶端具短尖头，基部圆形；聚伞花序腋生，花冠白色高脚碟状，5裂；蓇突果圆筒状，种子长圆形，有白色绢质种毛。

本种种加词“*laevigata*”是“光滑”的意思。同心结产我国热带地区。东南亚亦有分布。

八仙过海｜云南思茅｜*Cryptocoryne crispatula* var. *yunnanensis*｜天南星科隐棒花属

多年生草本，根茎圆柱形，多节；叶丛生，线形，边缘波状起伏；花腋生，淡黄色肉穗花序包裹在白色佛焰苞中；聚合果卵球形。

隐棒花属属名“*Cryptocoryne*”由希腊语中的“隐藏的（krypto）”和“棒（koryne）”两词组合而来，描述本属植物隐藏在佛焰苞内的肉穗花序，本种种加词“*crispatula*”是“波浪状”的意思，描述其边缘波状起伏的叶片。

八仙过海是云南西双版纳的特有物种，多生于水流缓慢的溪流、河畔，本种模式种采自勐腊县勐崙罗梭江河滩。

天青地红｜紫背天葵｜*Begonia fimbristipula*｜秋海棠科秋海棠属

多年生无茎草本，根状茎球状；叶基生，略不对称，边缘具重锯齿，齿尖带芒，叶脉掌状；雄花花瓣4，外两枚较大，呈宽卵形，内2枚较小，呈长圆形，花药鲜黄色，雌花花瓣3，3室子房；蒴果具3翅，下垂。

秋海棠属属名“*Begonia*”是为了纪念18世纪法属加拿大的殖民地总督米歇尔·贝贡（Micheal Begon,1638-1710）而命名。在中国，天青地红别名天葵、紫背鹿含草、反背红等，产我国南方省份山坡林下或潮湿岩石上。

玉叶金花｜*Mussaenda pubescens*｜茜草科玉叶金花属

攀缘灌木；叶对生或轮生，卵状长圆形，顶端渐尖；聚伞花序顶生，密花，花萼管陀螺形，萼裂片线形，其中1枚为阔椭圆形，呈花瓣状，花冠黄色，高脚碟状，檐部5裂；浆果近球形，干时黑色。

本种种加词“*pubescens*”是“具短毛”的意思。玉叶金花在《本草纲目》中也叫作山甘草、紫金藤。它的名称言简意赅地描绘了其形象——白色的“叶片”搭配着小巧的金色花朵——却不太准确，“玉叶”并非是叶，而是5裂的萼片中“一枝独秀”的较大的一片。玉叶金花属内同样奇妙的物种还有粉纸扇（*Mussaenda philippica* ‘Queen Sirkit’）和红纸扇（*Mussaenda erythrophylla*）等，也都有同样的特征。

玉叶金花广泛分布于我国南方地区。

粉纸扇和红纸扇，摄于华南植物园。

(小叶) 爬崖香｜*Piper arboricola*｜胡椒科胡椒属

藤本；叶卵形，网脉分明；花单性，雌雄异株，穗状花序与叶对生，形如球棒，雄花序比雌花序纤长，浆果倒卵形。

本种种加词“*arboricola*”意为“居住在树上”。小叶爬崖香分布于我国西南和东南地区林下地带，攀缘树木或岩石而生。

冬虫夏草｜地蚕｜*Stachys geobombycis*｜唇形科水苏属

多年生草本，根肉质，横走；茎直立，四棱形；叶长圆形，边缘具圆齿，密被柔毛；多轮腋生的轮伞花序组成穗状花序，唇形花冠淡紫色。

此冬虫夏草并非我们熟知的名贵藏药虫草。藏药虫草是真菌寄生于鳞翅目昆虫幼虫体内后，菌丝与幼虫躯壳形成的结合体，而这里的冬虫夏草指的是广西地区一种水苏属植物地蚕。除了冬虫夏草，地蚕还有五眼草、野麻子等别名。

水苏属是唇形科中最大的属之一，属名“*Stachys*”由林奈在1753年命名，在希腊语中是“谷穗”的意思，用以描述本属植物花序的形态。

地蚕产我国南方的荒地及湿地。

金盏银台｜水仙｜*Narcissus tazetta*｜石蒜科水仙属

多年生草本；鳞茎卵球形；叶宽线形；伞形花序，总苞佛焰苞状，花被高脚碟状，裂片6，卵圆形，顶端具短尖头，白色，芳香，副花冠浅杯状，淡黄色，雄蕊6，子房3室；蒴果室背开裂。

希腊神话中，美少年那西喀索斯（Narcissus）因迷恋自己在水面映出的倒影而溺水身亡，化作水仙。本种种加词“*tazetta*”是“小杯”的意思，描述水仙杯状的副花冠。

水仙别名雅蒜、天葱、金盏银台。《广群芳谱》记载，水仙“色白，圆如酒杯，上有五尖，中承黄心，宛然盏样，故有金盏银台之名。”在黄庭坚笔下，水仙是“凌波仙子生尘袜，水上盈盈步微月”，杨万里写它“银台金盏谈何俗，矾弟梅兄品未公”，辛弃疾亦有词“爱一点、娇黄成晕。不记相逢曾解佩，甚多情、为我香成阵”写水仙。

水仙在世界各地均有栽培。

黄水仙（*Narcissus pseudonarcissus*）

照山白 | *Rhododendron micranthum* | 杜鹃花科杜鹃花属

常绿灌木；叶倒披针形；总状花序顶生，花冠白色，钟状，5裂，花蕊长长地伸出花冠，远看如一团白色的云雾；蒴果长圆形。

本种种加词“*micranthum*”的意思是“小花的”。

照山白广泛分布于我国南北多省的山坡灌丛，朝鲜亦有分布。有剧毒。

桦对杉，柏对松，诸葛对管仲
林奈对梭罗，火神对雷公
黑面神，白头翁，迎夏对喜冬
东风永固生，露珠自消容
涂长卿白马连鞍，谢三娘橙花飞蓬
伯乐清明，破故纸丝节灯芯
西施素馨，晚香玉团球火绒

（白）桦｜*Betula platyphylla*｜桦木科桦木属

落叶乔木，高可达27米；树皮灰白色，成层剥裂；单叶互生，三角状卵形，顶端锐尖，边缘具重锯齿；花单性，雌雄同株；果序单生，圆柱形，通常下垂，小坚果狭矩圆形。

桦木属属名“*Betula*”来自拉丁语，本种种加词“*platyphylla*”是“宽叶”的意思。

白桦适应性强，我国南北多省、俄罗斯、蒙古、朝鲜、日本均有分布。额尔古纳河南岸白桦林中的敖鲁古雅鄂温克人生活离不开白桦。他们使用桦树皮制作撮罗子帐篷和桦皮船，以及水桶、鹿哨、摇篮等日常用品，还会饮用清甜的桦树汁液，展现出与自然相处的大智慧。

（落羽）杉｜*Taxodium distichum*｜柏科落羽杉属

落叶乔木，高可达40余米；树干基部常膨大，有呼吸根；树皮棕色，长条状开裂脱落；叶条形，羽状，在小枝上排成2列；雄球花卵圆形，排成总状花序状或圆锥花序状；雌球花单生于顶；球果卵圆形。

落羽杉属属名“*Taxodium*”意为“与红豆杉（Taxus）类似”，本种种加词“*distichum*”意为“二纵列的”，描述其条形叶在侧生小枝上列成二列的特点。

落羽杉原产北美，喜湿耐涝，我国南方有引种栽培，是一种生长缓慢而长寿的植物。世界上现存最古老的落羽杉生长在美国北卡罗来纳州，已有超过一千六百年的历史。

落羽杉，摄于纽黑文。

柏（木）｜ *Cupressus funebris* ｜ 柏科柏木属

常绿乔木，高可达 35 米；树皮淡褐灰色，裂成窄长条片；小枝细长下垂，排成一平面；鳞形叶交叉对生，二型；雄球花椭圆形，雌球花近球形；球果圆球形，熟时暗褐色。

本种种加词“*funebris*”意为“葬礼的”。柏木是我国特有树种，广布于南方省份温暖湿润的石灰岩山地。柏木生长快，抗腐蚀，有香气，是优良的造林树种和木材。

（油）松｜ *Pinus tabuliformis* ｜ 松科松属

常绿乔木，高可达 25 米；树皮灰褐色，裂成不规则鳞状块片；针叶 2 针一束，深绿色，粗硬，长 10~15 厘米，边缘具细锯齿；雄球花圆柱形，在新枝下部聚生成穗状；球果卵形，成熟后由绿色转为褐黄色。

本种种加词“*tabuliformis*”是“平展”的意思。油松是我国特有树种，产我国北方，喜干冷气候，木质细密，是优良木材。

诸葛（菜）｜二月蓝｜*Orychophragmus violaceus*｜十字花科诸葛菜属

一年或二年生直立草本；茎单一，分枝，带紫色；基生叶及下部茎生叶大头羽状全裂，上部叶长圆形，基部抱茎，边缘具齿；总状花序顶生，花白色至紫色，宽倒卵形花瓣 4 枚；长角果线形。

诸葛菜属属名“*Orychophragmus*”由希腊语中的“挖(orycho)”和“隔板(phragma)”二词组成，描述其角果假膈膜上有孔的特点，本种种加词“*violaceus*”意为“紫罗兰色的”。

诸葛菜，摄于北京大学。

诸葛菜的名字或系讹传而来。古代文献中多记载，“诸葛菜”一名原指蔓菁，也就是大头菜，因“诸葛亮所止令兵士独种蔓荆（刘禹锡《嘉话录》）”而得名。但蔓菁和诸葛菜同为十字花科植物，未开花时叶形相似，可能正是因此被混淆。在中国北方，诸葛菜是早春最常见的野花之一，常常开放成一片紫色的海洋，所以叫作“二月蓝”。

诸葛菜广布我国各地。朝鲜亦有分布。

管仲｜西南委陵菜｜*Potentilla fulgens*｜蔷薇科委陵菜属

多年生草本；大型间断羽状复叶，小叶倒卵长圆形，顶端圆钝，边缘具尖锐锯齿；复聚伞花序顶生，萼片与副萼片互生，黄色花瓣 5，顶端圆钝；瘦果光滑；花果期夏秋。

委陵菜属属名“*Potentilla*”是“小而强效”的意思，本种种加词“*fulgens*”意为“光亮”。西南委陵菜又名管仲、地槟榔，产我国东南、华南地区。东南亚亦有分布。

林奈（花）｜北极花｜*Linnaea borealis*｜忍冬科北极花属

常绿小灌木；匍匐茎细长，小枝细长上升；叶对生，倒卵形，边缘具浅圆齿；花 2

北极花

枚，芳香，淡红色或白色，花冠钟状，5裂，裂片卵圆形，筒内被短柔毛，雄蕊2长2短，花柱细长，伸出花冠外；瘦果近圆形；花果期7-8月。

北极花属属名“*Linnaea*”是为纪念瑞典植物学家林奈而命名，本种种加词“*borealis*”意为“来自北方”。

1732年，25岁的林奈在赴北欧拉普兰地区（Lapland）考察时发现了这种不起眼的小花，从此对它情有独钟。1735年，他在第一版《自然系统》（*Systema Naturae*）中，用1695年前往拉普兰（Lapland）考察的前辈鲁德贝克（Olof Rudbeck the Younger，1660-1740）的名字将它命名为“Rudbeckia”。随后在荷兰求学期间，林奈的植物学老师改称北极花为“Linnaea”。1753年，林奈在巨著《植物种志》（*Species Plantarum*）中正式接受了这一名称，并把“Rudbeckia”改为金光菊属属名。瑞典将北极花作为国花，以纪念这位奠定了现代系统分类学基础的国宝级植物学家。在流传至今的画像中，林奈总是谦逊地手捧北极花。

北极花广泛分布于北半球温带北部，在北欧，北美，俄罗斯西伯利亚，中国东北、新疆、内蒙古及河北地区都能发现它的踪影。北极花的英文名叫作“双子花（Twinflower）”，描述其花序上总是生着两朵对称小花的特点。别小瞧北极花只有十几厘米高，它可是真正的灌木，匍匐而生的木质茎可以绵延几十米乃至上百米。

梭罗（树）｜*Reevesia pubescens*｜梧桐科梭罗树属

乔木，高可达16米；树皮灰褐色，有纵裂纹；单叶，椭圆形；聚伞状伞房花序顶生，条状花瓣5片，白色或淡红色；蒴果梨形，有5棱，密被短柔毛。

梭罗树属属名“*Reevesia*”是为纪念英国博物学家约翰·里夫斯（John Reeves，1774-1856）而命名。里夫斯曾供职于英国东印度公司，将很多中国植物引入英国。本种种加词是“多毛”的意思。梭罗树产我国华南地区。东南亚亦有分布。

火神｜毛叶假鹰爪｜*Desmos dumosus*｜番荔枝科假鹰爪属

直立灌木；茎、枝条均有凸起皮孔，全植株被柔毛；叶互生，长圆形；黄绿色花单朵腋生或与叶对生，下垂，花瓣6枚，2轮，外轮较大；果有柄，念珠状。

假鹰爪属属名“*Desmos*”是“纽带”的意思，本种种加词“*dumosus*”是“灌木状”的意思。毛叶假鹰爪又名火神、都蝶、云南山指甲，产广西、云南和贵州。印度、东南亚亦有分布。

雷公（藤）｜*Tripterygium wilfordii*｜卫矛科雷公藤属

藤本灌木；小枝棕红色，具4细棱，密被毛及皮孔；叶互生，倒卵形，边缘具细齿；圆锥聚伞花序，花白色，花瓣5枚，长方卵形；翅果具3膜质翅。

雷公藤属属名“*Tripterygium*”是“具三翅”的意思，描述其果实的形态。雷公藤产我国南方多省。朝鲜、日本亦有分布。

黑面神｜*Breynia fruticosa*｜叶下珠科黑面神属

灌木；单叶互生，叶片卵形，2列，干后变黑色；花单生或簇生于叶腋内，无花瓣，雌花位于小枝上部，花萼钟状，6浅裂，雄花则位于小枝的下部，花萼陀螺状，6齿裂；蒴果圆球状，花萼宿存。

黑面神属属名“*Breynia*”是为纪念德国植物学家约翰·菲利浦·布雷尼（Johann Philipp Breyne，1680-1764）而命名，本种种加词是“灌木状”的意思。

“黑面神”因叶片晒干后会完全变黑而得名，产我国南方多省，在广东、广西一带有鬼画符、夜兰、惊蚊树、漆鼓、细青七树、青丸木等别名。《本草纲目拾遗》引《岭南杂记》，载其“叶老则有白篆文如蜗涎，名鬼画符，叶下有小花如粟米，至晚香闻数十步，恍若芝兰。又名蚊惊树，暑月有蚊，折此树逐之即惊散”。黑面神的花十分独特，它们没有花瓣和花盘，而是长着花朵一样辐状对称的绿色花萼，整整齐齐地在小枝上下排列开来。

白头翁｜*Pulsatilla chinensis*｜毛茛科白头翁属

多年生草本；叶基生，有长柄，宽卵形，3全裂；苞片3枚，均3裂，蓝紫色萼片5~6枚，长圆状卵形，背面有密柔毛；雄蕊多数，黄色，花柱丝状，紫色；纺锤形瘦果有长柔毛，组成球形聚合果；春季开花。

白头翁属属名“*Pulsatilla*”意为“随风飘动”，本种种加词是“来自中国”的意思。白头翁俗称羊胡子花、老冠花、将军草、大碗花、老公花、老姑子花、毛姑朵花等，多

白头翁，摄于北京海坨山。第七章"紫藤"条目图片中的鸟儿也叫作白头翁。

分布于我国黄河以北地区，喜欢生于阳光充足、排水良好的山地。

白头翁没有花瓣，外层是毛茸茸的紫色萼片，向内是一圈黄色的雄蕊，最里面是紫色的雌蕊，两个对比色搭配得明艳悦目。它的果实有长长的宿存花柱，上面长满长柔毛，看起来就像一个个白色绒球。

白头翁全株有毒。

迎夏｜探春花｜*Jasminum floridum*｜木樨科素馨属

直立或攀缘灌木；羽状复叶互生，小叶卵形，先端急尖；聚伞花序顶生，冠黄色，近漏斗状，檐部5裂，裂片长圆形，先端锐尖；浆果球形，熟时黑色；夏季开花，秋季结果。

本种种加词"*floridum*"意为"多花的"。探春花又名迎夏、鸡蛋黄、牛虱子，产我国南北多省。

喜冬（草）｜*Chimaphila maculata*｜杜鹃花科喜冬草属

多年生常绿小草本；叶通常3枚，不规则轮生，叶片狭卵形，边缘具圆齿，深绿色，具白色叶脉；伞房花序顶生，花下垂，白色，卵圆形花瓣5枚，雄蕊10，花药顶孔开裂，柱头圆盾状，绿色；蒴果扁球形；花期夏季。

喜冬草属属名"*Chimaphila*"由希腊语中的"冬天（cheima）"和"爱（phelein）"两个词构成，本种种加词"*maculata*"是"具斑点"的意思。喜冬草又叫梅笠草、"风湿脚（rheumatism root）""老鼠药（ratsbane）"等，原产于美洲，北至南魁北克地区，南至佛罗里达和巴拿马均有分布。

喜冬草花期照片（上，中），摄于仙纳度国家公园，果期照片（下）摄于罗斯湖州立公园。

东风（草）| *Blumea megacephala* | 菊科艾纳香属

攀缘状草质藤本；茎多分枝；卵形叶互生，边缘具疏细齿；头状花序排列成总状或近伞房状花序，总苞片 5~6 层，花黄色，均为管状，外围两性花具伸出花冠的长花药；瘦果圆柱形；秋冬开花。

本种种加词“*megacephala*”是“大头”的意思。东风草产我国南方多省。东南亚亦有分布。

永固生 | 鸡骨常山 | *Alstonia yunnanensis* | 夹竹桃科鸡骨常山属

直立灌木，多分枝，具乳汁；倒卵状披针形叶片 3~5 枚轮生；聚伞花序顶生，花紫红色，芳香，花冠高脚碟状，冠檐 5 裂，裂片长圆形；蓇葖 2，线形，具尖头；春季开花，秋季结果。

鸡骨常山属属名“*Alstonia*”是为纪念苏格兰植物学家查尔斯·奥尔斯顿（Charles Alston，1683-1760）而命名，本种种加词“*yunnanensis*”是“来自云南”的意思。鸡骨常山又名三台高、四角枫、永固生、红花岩托、白虎木、红辣椒等，是我国特有种，产云南、贵州和广西。

露珠（草）｜*Circaea cordata*｜柳叶菜科露珠草属

多年生粗壮草本，全株被毛；叶对生，宽卵形，基部心形，边缘具齿；总状花序顶生，花芽被具钩的长毛；花瓣2枚，白色，倒心形，雄蕊及花柱伸展；蒴果斜倒卵形，2室；夏季开花，秋季结果。

露珠草属属名“*Circaea*”来自荷马史诗《奥德赛》中的女巫瑟茜（Circe），本种种加词是“心形”的意思。露珠草又名牛泷草，产我国各地。俄罗斯、朝鲜、日本、印度、尼泊尔等地亦有分布。

自消容｜菽麻｜*Crotalaria juncea*｜豆科猪屎豆属

直立草本；单叶，叶长圆形，两端渐尖；总状花序顶生或腋生；花冠黄色，二唇形；荚果长圆形；花果期从夏季至翌年春季。

猪屎豆属属名“*Crotalaria*”在希腊文中是“咯咯作响”的意思，表示其豆荚爆裂时的声音。菽麻又名印度麻、太阳麻、自消容，原产印度，是一种纤维原料作物，亦可入药，现广泛栽培或逸生于世界各地。

·徐长卿 | 见第一章“逍遥竹”

白马连鞍｜古钩藤｜*Cryptolepis buchananii*｜夹竹桃科白叶藤属

木质藤本，具乳汁；叶对生，长圆形，顶端具小尖头；聚伞花序腋生，花冠高脚碟状，黄白色，5裂，裂片披针形，副花冠5裂，裂片卵圆形；蓇葖长圆形，种子顶端具白色绢质种毛；春夏开花，夏秋结果。

本种种加词“*buchananii*”是为了纪念新西兰植物学家约翰·布坎南（John Buchanan，1819-1898）而命名。古钩藤又名白马连鞍、大叶白叶藤、牛角藤、奶浆藤、个卜汁、扣过怀、羊排果、大暗消、半架牛牛挂脖子藤等，产西南和华南地区。印度、东南亚亦有分布。

谢三娘｜紫花丹｜*Plumbago indica*｜白花丹科白花丹属

常绿多年生草本；茎枝柔软，上端常蔓状；狭卵形叶互生；穗状花序，花轴在花期不断伸长，花萼具腺体，花冠高脚碟状，紫红色，冠檐5深裂，裂片倒卵形，先端有芒状突尖；花期晚秋至春季。

白花丹属属名“*Plumbago*”是“铅色”的意思，本种种加词意为“来自印度”。紫花丹又名谢三娘、紫雪花等，广泛分布于亚洲热带地区，我国云南、广东和海南有分布（手绘图见下页）。

木樨科素馨属的扭肚藤（*Jasminum elongatum*）亦有“谢三娘”的别名。

扭肚藤，摄于华南植物园。

橙花飞蓬｜*Erigeron aurantiacus*｜菊科飞蓬属

多年生草本；茎不分枝，茎叶密被长节毛；叶互生，基部叶莲座状，长圆状披针形，茎生叶半抱茎，披针形；头状花序单生于顶，外围雌花舌状3层，橘红色，中央的两性花管状，黄色；瘦果线状披针形；夏秋开花。

飞蓬属属名“*Erigeron*”由希腊语的“早（eri）”和“老人（geron）”二词组合而来，因它的花朵会在春天变灰，像早生华发的小老头一般。本种种加词“*aurantiacus*”是橙色的意思。

橙花飞蓬生于高山草地或林缘，产新疆北部。俄罗斯、中亚地区亦有分布。

伯乐（树）｜*Bretschneidera sinensis*｜叠珠树科伯乐树属

乔木；奇数羽状复叶，小叶狭椭圆形，顶端渐尖；总状花序顶生，花大，两性，花淡红色，阔卵形花瓣5枚覆瓦状排列，内面有红色纵条纹；8枚雄蕊基部联合，子房上位；蒴果近球形；花期春至秋季，果期近全年。

伯乐树属名“*Bretschneidera*”是为纪念俄国汉学家、医生和植物采集者埃米尔·布雷特施奈德（见第六章“白梨”条）而命名的，本种种加词意为“来自中国”。伯乐树又名钟萼木、冬桃。

伯乐树是我国特有的第三纪古热带植物区系孑遗种，在过去的分类系统中曾单独成科。现在的APG分类系统将伯乐树与澳大利亚叠珠树属（*Akania*）合并为叠珠树科。伯乐树被誉为“植物中的龙凤”，对被子植物系统发育和历史地理等学科意义重大，是国家一级保护植物。

紫花丹

清明（花）｜*Beaumontia grandiflora*｜夹竹桃科清明花属

高大粗壮藤本；叶对生，长圆状倒卵形，顶端具硬尖头；聚伞花序顶生，花梗有锈色柔毛，花萼5裂，裂片叶状，花冠钟状，喉部宽大，顶端5裂，花药箭头状；蓇葖形状多变；春夏开花，秋冬结果。

本种种加词意为“大花的”。清明花又名炮弹果，云南和印度有分布，广西、广东和福建有栽培。

· 破故纸 | 同第六章“千张纸”

丝节灯芯（草）｜*Juncus chrysocarpus*｜灯心草科灯心草属

多年生草本；茎直立，纤细；基生叶和茎生叶常各2枚，细线形；半球形头状花序顶生，小花被片6枚，2轮，颖状，黄白色；雄蕊6枚，稍长于花被，柱头3分叉；蒴果金黄色，具小喙；秋季开花结果。

本种种加词“*chrysocarpus*”是“金色果实”的意思。丝节灯芯草产西藏。尼泊尔、印度等地亦有分布。

西施（花）｜*Rhododendron latoucheae*｜杜鹃花科杜鹃属

常绿灌木；小枝常3枝轮生；叶轮生枝顶，长圆状披针形；单花腋生，花冠窄漏斗状，白或粉红色，5深裂，10枚雄蕊伸出花冠；蒴果圆柱状；春季开花，秋季结果。

西施花又名光脚杜鹃、鹿角杜鹃，特产中国台湾。

· 素馨（花）| 同第三章“素方”

晚香玉｜*Polianthes tuberosa*｜石蒜科晚香玉属

多年生草本；具块状根状茎；茎直立，不分枝；基生叶线形，茎叶向上渐小呈苞片状；穗状花序顶生，花乳白色，香浓，花被管细长弯曲，裂片长圆状披针形；蒴果卵球形；夏秋开花。

晚香玉属属名“*Polianthes*”是“灰色花朵”的意思，本种种加词意为“块茎状”，描述其根状茎的形状。在晚香玉的油细胞中，芳香成分和糖类聚成糖苷存在，白天无法挥发出来，只有在夜里气温降低、湿度增加的情况下才会分解，释放出浓郁香气。从17世纪开始，人们就开始从晚香玉中提取芳香精油。

晚香玉原产墨西哥，我国引种栽培。

团球火绒（草） | *Leontopodium conglobatum* | 菊科火绒草属

多年生草本；茎直立，不分枝，被白色蛛丝状茸毛；叶线形，顶端钝圆；总苞约3层，苞叶长于花序；头状花序中央为雄性，外围为雌性，组成团球状伞房花序，雄花花冠上部漏斗形，雌花花冠丝状；夏季开花。

火绒草属属名“*Leontopodium*”是“狮足”的意思。团球火绒草又名剪花火绒草，产内蒙古和黑龙江的草地、坡地或灌丛。蒙古和俄罗斯亦有分布。

箭对矛，刺对梭，银钟对宝铎

泽泻对海通，合欢对独活

石打穿，千滴落，走马对矢车

爬山虎通泉，飞天龙拦河

四大金刚洋飘飘，十大功劳登赫赫

落地生根，一粒金丹黑心解

见血封喉，八代赤剑红心割

(一支)箭｜铁棒锤｜*Aconitum pendulum*｜毛茛科乌头属

一年至多年生草本，不分枝；单叶互生，掌状分裂；总状花序顶生，花瓣状萼片 5，黄绿色，上萼片盔形，具爪，2 枚侧萼片近圆形，2 枚下萼片较小，近长圆形；花瓣 2 枚，有爪，瓣片有距；蓇葖果有脉网。

乌头属属名“*Aconitum*”意为“无敌的毒药”，本种种加词是“悬垂”的意思。铁棒锤别名铁牛七、雪上一支篙、一枝箭、三转半等。《本草纲目》记载，乌头因“形如乌之头也，有两歧相合，如乌之喙者”而得名。希腊神话中，大英雄赫拉克勒斯（Heracles）把地狱的看门狗拖入阳间。这只三头恶犬一见到阳光便骇得口吐毒涎，滴到地上便生出了剧毒的乌头草。

乌头属植物的花朵又是一种花萼以假乱真“冒充”花瓣的独特存在：它美丽的船盔状被片其实是 5 枚花萼，把真正的花瓣藏在其中。乌头属植物虽然妖艳美丽，但块根有剧毒，其所含的毒性成分乌头碱可作用于迷走神经，使心脏衰竭。因此，乌头属植物在我国民间也被人们用于制作毒箭来猎射野兽。

铁棒槌分布于我国西南、西北等地的高山草地及林缘。

卫矛 | *Euonymus alatus* | 卫矛科卫矛属

落叶灌木；小枝常具2~4列宽阔木栓翅；叶对生，倒卵形，边缘具细齿；聚伞花序，花两性，绿白色，花瓣4枚，近圆形；蒴果1~4深裂，种子具橘红色假种皮；春末开花，秋季结果。

卫矛，摄于纽黑文。

卫矛属属名“*Euonymus*”在希腊语中意为“优美的名字”，本种种加词“*alatus*”意为“有翅的”，描述其具宽阔木栓翅的枝条。卫矛又名鬼箭羽。《本草纲目》记载，“齐人谓箭羽为卫。此物干有直羽，如箭羽、矛刃自卫之状，故名”。

卫矛原产中国、日本和朝鲜，耐寒、抗污染、适应性强，现在世界各地被引为观赏或绿篱植物。

(骆驼) 刺 | *Alhagi sparsifolia* | 豆科骆驼刺属

半灌木；卵形单叶互生，叶柄短；总状花序腋生，花序轴特化为坚硬长刺，新枝刺上具花，老枝刺上无花，蝶形花紫红色，具钻状苞片；荚果线形。

骆驼刺属属名“*Alhagi*”源自阿拉伯语的“朝圣者”一词，本种种加词是“叶子稀疏”的意思。

相对于并不出众的“身高”，骆驼刺属植物的根系却扎得极深，可达株高的15倍以上，直至探及地下水。凭借着长长的根系，骆驼刺属植物可以在荒漠地区生存。骆驼刺的刺也十分特别，是由花序轴特化而来。在新枝刚长出的第一年，刺的顶端通常开出花朵，以后便专心做一枚刺，仿佛“先礼后兵”一般。

骆驼刺产我国西北荒漠地区。中亚地区亦有分布。

· （梭）梭 | 同第十章“梭梭柴”

（四翅）银钟（花） | *Halesia tetraptera* | 安息香科银钟花属

落叶灌木或小乔木；单叶互生，边缘具齿；花梗有关节，总状花序，花先叶开放，芳香，花冠钟状，裂片 4；核果长椭圆形有纵翅，包于宿存花萼内。

银钟花属属名“*Halesia*”是为纪念英国外科医生、植物学家史蒂文·黑尔斯（Stephen Hales，1677–1761）而命名。黑尔斯在动植物生理学方面做出了不朽的贡献。在《植物静力学》（*Vegetable Staticks*，1727）一书中，黑尔斯记载了为研究植物体内的水分流动而设计的一系列精妙实验。通过这些实验，黑尔斯发现了植物蒸腾作用的原理。除此之外，他还是测量血压的第一人。本种种加词“*tetraptera*”是“具四翅”的意思。

四翅银钟花是本属模式种，产北美洲。

四翅银钟花的花期（上）和果期（下）照片，分别摄于康奈尔大学校园和纽约植物园。

宝铎（草） | *Disporum sessile* | 秋水仙科万寿竹属

多年生直立草本；叶互生，矩圆形至披针形，短柄近无；伞形花序顶生，花狭钟形，黄色、绿黄色或白色，被片 6，倒卵状披针形，基部具短距；浆果椭圆形。

万寿竹属属名“*Disporum*”是希腊语中“一对种子”的意思，本种种加词“*sessile*”在拉丁语中意为“低矮”。宝铎草产我国南方多省。朝鲜、日本亦有分布。

(窄叶)泽泻 | *Alisma canaliculatum* | 泽泻科泽泻属

多年生水生或沼生草本；叶基生，沉水叶条形，挺水叶披针形，稍呈镰状弯曲；圆锥状复伞形花序，花两性，辐射对称，被片6枚排成2轮，外轮萼片状、绿色，内轮花瓣状、白色，花药黄色；瘦果轮生于花托，具果喙。

泽泻属属名“*Alisma*”源于凯尔特语中的“水”，本种种加词“*canaliculatum*”意为“有沟槽的”，描述瘦果背部的浅沟。《野菜博录》记载，泽泻别名水泻、芒芋、鹄泻。

窄叶泽泻产我国南方多省，生于浅水或沼泽中，日本亦有分布。

泽泻，摄于布鲁克林植物园。

海通 | *Clerodendrum mandarinorum* | 唇形科大青属

灌木或乔木；叶宽卵形至心形；幼枝、花序梗和花柄密被黄褐色绒毛；伞房状聚伞花序顶生，花萼钟状，萼齿尖细，花冠管状，白色，有香气；雄蕊及花柱伸出花冠外；核果近球形，成熟后蓝黑色，宿萼增大，红色。

海通别名满大青、牡丹树、泡桐树、白灯笼、木常山、朴瓜树、线桐树、鞋头树、铁枪桐等，产我国南方多省。越南亦有分布。

合欢 | *Albizia julibrissin* | 豆科合欢属

落叶乔木，高可达16米；二回羽状复叶，小叶线形至长圆形，先端有小尖头；绒球一样的头状花序在枝顶组成圆锥花序，花小，粉红色，两性，漏斗状，先端5裂，雄蕊20~50枚，花丝突出花冠外；荚果带状。

合欢属属名“*Albizia*”是为纪念18世纪佛罗伦萨贵族、博物学家菲利浦·奥比奇（Filippo Degli Albizii）而命名，是他最早将合欢从君士坦丁堡引入欧洲和北美栽培。本种种加词“*julibrissin*”来自波斯语，是“丝绒花”的意思。

合欢花开的时节，树上缀满一朵朵红绒

“夏日巧克力”合欢（*Albizia julibrissin* ‘Summer Chocolate’），摄于布鲁克林植物园。

球，幽香阵阵沁人心脾。其实，它的每一朵红绒球都是一个头状花序，由许多朵生着长长花丝的小花组成。如果剖开一个绒球仔细观察，花丝基部那像花萼一样不起眼的，才是合欢真正的花冠。每当夜幕降临，合欢二回羽状复叶的羽片就会由于上下两侧细胞膨压变化的差异而向叶尖合拢，羽片上的小叶也会成对闭合。

古人观察到这种“至暮而合，枝叶相交结”的习性，因此赋予它合欢、合昏、夜合等名字。崔豹《古今注》记载：“欲蠲（juān）人之忿，则赠之青裳”。嵇康说“合欢蠲忿，萱草忘忧”。“蠲”意为“去除”，“忿”是“不服气、烦心”的意思。在古人看来，合欢可以令人忘忧。白居易写合欢“红开杪秋日，翠合欲昏天，白露滴未死，凉风吹更鲜”，杜甫亦有“合欢尚知时，鸳鸯不独宿”的诗句。

合欢产我国南北多省，非洲、中亚至东亚均有分布，北美有栽培。

（裂叶）独活｜*Heracleum millefolium*｜伞形科独活属

多年生草本；叶披针形，三回至羽状分裂，裂片线形；复伞形花序，小花白色，瓣片先端2裂；果实椭圆形。

独活属属名“*Heracleum*”来自希腊神话中的大力神赫拉克勒斯，传说中他是最早发现这种植物的药用价值的人。本种种

裂叶独活，摄于年保玉则。

加词“*millefolium*”是“千叶”的意思，描述其羽状分裂的叶片上有许多线形小裂片的特征。

裂叶独活产青海、西藏、甘肃、四川、云南。

石打穿 | 龙芽草 | *Agrimonia pilosa* | 蔷薇科龙芽草属

多年生草本；间断奇数羽状复叶，小叶倒卵形至倒卵披针形，边缘具锯齿；穗状总状花序顶生，花瓣5枚，黄色，长圆形；果实倒卵圆锥形，外面有10条肋，顶端有数层钩刺。

龙芽草属属名“*Agrimonia*”源自希腊语中的一种眼疾的名称，可能因其药用价值而得名，本种种加词“*pilosa*”是“被长柔毛”的意思。龙芽草别名瓜香草、老鹤嘴、毛脚茵、石打穿、金顶龙芽等。

《本草纲目拾遗》记载了一首描写龙芽草的朗朗上口的小诗：“谁人识得石打穿，绿叶深纹锯齿边；阔不盈寸长更倍，圆茎枝抱起相连；秋发黄花细瓣五，结实匾小针刺攒；宿根生本三尺许，子发春苗随弟肩；大叶中间夹小叶，层层对比相新鲜”，生动地描述了它叶片锯齿边、5枚花瓣和果实外具钩刺的特点。古时的药童背了这样的诗歌，采药或许也少些混淆。

龙芽草产我国南北多省。欧洲、俄罗斯、蒙古、朝鲜、日本和东南亚亦有分布。

干滴落 | 狼爪瓦松 | *Orostachys cartilaginea* | 景天科瓦松属

二年或多年生草本；基生叶莲座状，长圆披针形，茎生叶互生，线形，先端均有白色软骨质刺；第二年自莲座中央生不分枝花茎，总状花序密集，花瓣5，白色，长圆状披针形，花药紫色；蓇突果先端有喙。

瓦松属属名由希腊语的“山（oros）”和“穗状（stachys）”两个词组合而来，描述其生境和花序的形状。本种种加词“*cartilaginea*”是“软骨”的意思，描述其肉质叶片、苞片和萼片顶端软骨质的小刺。

瓦松是人们喜爱的多肉植物之一，以其“形似松，生必依瓦（唐崔融《瓦松赋》）”而得名。瓦松在古诗词中是一种表达荒芜废弃的意象，如白居易在《骊宫高》中写“翠华不来岁月久，墙有衣兮瓦有松”，将“地衣”和“瓦松”暗藏其中，说明此地已良久无人造访，或如陆游《山居》“林深栗鼠健，屋老瓦松长”一句中，不会说话的山寺用檐上的瓦松无声地道出了岁月的流逝。

狼爪瓦松产我国东北、内蒙古等地。俄罗斯亦有分布。

走马（胎）｜ *Ardisia gigantifolia* ｜ 报春花科紫金牛属

灌木；茎粗壮，通常无分枝；叶常簇生茎顶，椭圆形至倒卵状披针形，边缘具细齿，柄具波状狭翅；亚伞形花序组成金字塔状或总状圆锥花序，花瓣4~5枚，白色或粉红色；雄蕊基部联合呈管状；浆果球形，红色，具纵肋。

紫金牛属属名“*Ardisia*”是“（聚于）一点”的意思，描述雄蕊基部合生呈管状的特点，本种种加词“*gigantifolia*”是“花巨大”的意思。

走马胎产我国西南和华南地区的山谷和林下。东南亚亦有分布。走马胎在民间常用作跌打药，因此广东人有“两脚行不开，不离走马胎”的说法。

矢车（菊）｜ *Centaurea cyanus* ｜ 菊科矢车菊属

一年生或二年生草本；叶长椭圆形至披针形，不裂至羽状分裂；头状花序组成顶生伞房或圆锥花序，总苞片多层覆瓦状排列；外围边花较中央盘花略大，白色、蓝色、紫色等；瘦果椭圆形。

“黑孩子”矢车菊（*Centaurea cyanus*“Blackboy”）摄于美国洛杉矶市。

矢车菊属属名“*Centaurea*”源于希腊神话中的半人马喀戎（Centaur Chiron），传说中是他第一次发现了这种植物的药用价值，本种种加词“*cyanus*”是“蓝色”的意思。矢车菊原产欧洲。因曾是庄稼地里的常见野草而叫作“庄稼花（cornflower）”。此外，它还因膨大而层层覆盖的总苞而叫作“篮子花（basketflower）”。传说中，如果一位单身男士有了心仪对象，便会在自己的翻领纽扣孔里别一朵矢车菊。假如花朵鲜艳持久，说明这份感情也同样真挚，因此矢车菊也叫作“单身汉的纽扣(bachelor’s button)”。现在，矢车菊已经广泛栽培于世界各地。

爬山虎｜独根草｜ *Oresitrophe rupifraga* ｜虎耳草科独根草属

多年生草本；基生叶心形，边缘具齿；花葶不分枝，紫红色；多歧聚伞花序，小花无花瓣，狭卵形萼片 5~7 枚，粉红色；雄蕊 10~13，基部合生，花药紫色；蒴果具 2 喙。

“爬山虎”这个名字可以说是植物界的“小明”，重名率相当高。如果在中国在线植物志的搜索栏里输入“爬山虎”三个字， 你可以找到来自 4 个科的 6 种植物：芸香科的飞龙掌血（*Toddalia asiatica*）、虎耳草科的槭叶草（*Mukdenia rossii*）、天南星科的石柑子（*Pothos chinensis*）、大叶南苏（*Rhaphidophora peepla*）、爬树龙（*Rhaphidophora decursiva*）和葡萄科的地锦（*Parthenocissus tricuspidata*）。不认识植物的人看到模样亲切的缠绕或攀缘草本，总会笼统地叫一声“爬山虎”。这充分说明，想要进一步学好植物，一定要了解它的学名和

“北京早春绝壁三花”，由上至下依次为独根草、槭叶铁线莲、房山紫堇，摄于北京红螺三险。

在生物界中所处的位置。

在这里给大家介绍一种比较冷门的爬山虎：独根草。独根草属是中国华北地区特有单种属，属内只有此一个物种。独根草喜生悬崖石隙，和槭叶铁线莲（*Clematis acerifolia*）、房山紫堇（*Corydalis fangshanensis*）合称“北京早春绝壁三花”。植物爱好者为了见到它们不惜翻山越岭，有的甚至在峭壁上攀岩。早春，独根草的花葶先叶而出，花朵盛开时通体粉白至紫红，数株连成一片，如同崖壁上的一团红云，花谢后才长出心形的叶片，亦是一种“花叶永不相见”的植物。

通泉（草） | *Mazus japonicus* | 通泉草科通泉草属

一年生草本；基生叶莲座状，茎生叶对生或互生，匙形至披针形，不规则浅羽裂；总状花序，花冠2唇形，白色至紫色，上唇2裂，下唇3裂，有褶襞2条，上生绒毛和黄色斑点；蒴果球形。

通泉草属属名“*Mazus*”来自希腊文，是“乳头”的意思，形容其花冠的形状。通泉草广布全国南北多省。俄罗斯、日本、朝鲜、东南亚亦有分布。

飞天龙 | 龙葵 | *Solanum nigrum* | 茄科茄属

一年生直立草本；茎绿色或紫色；叶卵形，先端短尖，全缘或具粗齿；蝎尾状花序腋外生，花冠星状辐形，白色，冠檐5深裂，裂片卵圆形，花药黄色；浆果球形，熟时黑色。

本种种加词是“黑色”的意思。《本草纲目》记载，龙葵别名苦葵、苦菜、天泡草、老鸦酸浆草等，因“性滑如葵也”而得名。龙葵广布欧洲、亚洲、美洲的温带至热带地区。

龙葵，摄于纽约。

拦河（藤）| 翅茎白粉藤 | *Cissus hexangularis* | 葡萄科白粉藤属

木质藤本；小枝具6翅棱，翅棱间有纵棱纹；卷须不分枝，间断与叶对生；叶卵状三角形，顶端骤尾尖，边缘有齿；复二歧聚伞花序顶生或与叶对生，花萼碟形，花瓣4；肉质浆果近球形。

本种种加词“*hexangularis*”意为“具6翅的”。翅茎白粉藤别名五俭藤、山坡瓜藤、拦河藤、散血龙，产我国华南地区。东南亚亦有分布 。

· 四大金刚 | 同第五章“四块瓦”

· 洋飘飘 | 同第二章“千层须”

(冬青叶) 十大功劳 | *Mahonia aquifolium* | 小檗科十大功劳属

常绿灌木或小乔木；奇数羽状复叶，小叶互生，椭圆形，边缘具锐齿；总状或圆锥花序顶生，花黄色，萼片3轮9枚，花瓣2轮6枚；浆果近球形，蓝黑色。

十大功劳属属名“*Mahonia*”是为了纪念爱尔兰裔美国园艺家伯纳德·麦克马洪（Bernard McMahon，1775-1816） 而命名，他曾是著名的刘易斯－克拉克探险队

冬青叶十大功劳摄于康奈尔大学校园（上图）。台湾十大功劳（*Mahonia japonica*），摄于布鲁克林植物园（下图）。

（Lewis and Clark Expedition，1804-1806）成员，著有《美国园艺家日历》（*American Gardener's Calender*，1806）一书。本种种加词“*aquifolium*”是“叶锐利”的意思。冬青叶十大功劳的英文名叫作“俄勒冈葡萄（Oregon Grape）”，描述其形似葡萄的果序。但它和真正的葡萄没有什么关系。在中国，“十大功劳”因其根茎叶皆可入药，花亦可观赏，用途极多而得名。

冬青叶十大功劳原产北美，耐低温、盐碱，适应性极强，广泛栽培作为观赏和绿篱植物。

登赫赫｜基心叶冷水花｜ *Pilea basicordata* ｜荨麻科冷水花属

矮小灌木；茎直立，具皮孔，密布短杆状钟乳体，节密集，叶痕明显；叶肉质心形，叶柄粗；雌雄同株；聚伞圆锥状花序单生叶腋；瘦果长圆状卵形，熟时变橙色。

基心叶冷水花产广西。

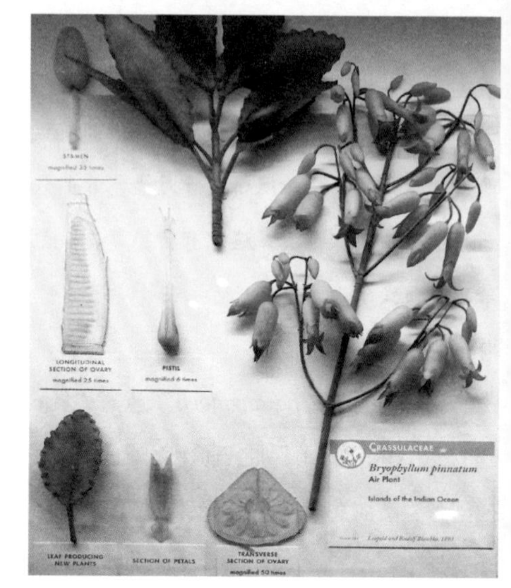

落地生根，摄于哈佛大学自然博物馆玻璃植物标本室。标本呈现了落地生根的叶序、花序，放大的雌蕊、雄蕊、子房横纵切面和正在萌发小芽的叶片。

落地生根｜ *Bryophyllum pinnatum* ｜景天科落地生根属

多年生草本；羽状复叶，小叶常肉质，长圆形，边缘有圆齿，齿间生芽，落地即成新株；圆锥花序顶生，花下垂，花冠高脚碟形至圆筒形，檐部裂片4，淡红色或紫红色；蓇葖果包在花萼及花冠内。

落地生根属属名“*Bryophyllum*”源自希腊语的“发芽（bryo）”和“叶子（phyllon）”，因其叶缘可萌发小芽，在潮湿的空气中长出根，掉落下来即扎根发芽的习性而得名。本种种加词“*pinnatum*”是“羽毛状”的意思。落地生根别名不死鸟，又有教堂钟（cathedral bells）、生命草（life plant）、奇迹叶（miracle leaf）等英文名。落地生根之所以能从叶缘萌发小芽，是因为它的“叶”其实是扁平、可进行光合左右的叶状枝（phylloclades），同时具有叶和枝的特征。

落地生根原产非洲马达加斯加岛的热带地区，在世界各地均有栽培，但由于强悍的生命力和繁殖能力，常常逸为野生，成为一地的“公害”。

· 一粒金丹 | 同第六章“落地珍珠”

黑心解 | 玉龙乌头 | *Aconitum stapfianum* | 毛茛科乌头属

多年生草本；茎缠绕，分枝；单叶互生，掌状深裂；总状花序，萼片蓝色，花瓣状，上萼片盔形，侧萼片倒卵形，下萼片近长圆形，花瓣无毛，具距；蓇葖直。

玉龙乌头产云南丽江玉龙山一带海拔2800~3400米的山地，缠绕于灌木或树上。

见血封喉 | 箭毒木 | *Antiaris toxicaria* | 桑科见血封喉属

常绿乔木，偶有板根；倒卵形叶互生，2列，边缘具齿，两侧不对称；雄花序肉质托盘状，腋生，花被裂片4；雌花单生，藏于梨形花托内，无花被；核果梨形，具宿存苞片，成熟后鲜红至紫红色。

见血封喉属属名“*Antiaris*”是其爪哇语原名的拉丁形式，本种种加词“*toxicaria*”是“有剧毒”的意思。

箭毒木产非洲、亚洲、大洋洲的热带地区，生于稀树草原或热带雨林，广东、广西、海南、云南有分布。箭毒木树液有剧毒，误入眼中会致失明，进入血液可致血液凝固、心脏停搏，使中毒者登时一命呜呼，民间常用之制作毒箭，“见血封喉”由此得名。《明季南略》记载，“明末兵备曾化龙闻流寇亟，造见血封喉弩，藏三间屋。”

南美洲也有用植物提取物制作毒箭的传统，用到的植物有南美防己（*Chondrodendron tomentosum*）、毒马钱（*Strychnos toxifera*）等[8]。19世纪初，大名鼎鼎的探险家、自然地理学家亚历山大·冯·洪堡在南美旅行途中，曾从当地人那里了解到一种用于制作毒箭的植物。他发现被这种毒箭射中的动物会顷刻毙命，但吃它们肉的人却安然无恙，于是推测这种箭毒只会经血液发挥作用。为验证自己的看法，他不惜喝下树液来以身试法，还好他的推测是正确的。这是欧洲人与箭毒的第一次亲密接触。

玉龙乌头

八代赤剑｜八代天麻｜*Gastrodia confusa*｜兰科天麻属

腐生小草本，块茎肥厚；茎下部具鞘；总状花序，花俯垂，黑褐色，萼片和花瓣合生，形成钟形花被筒，外具黄色突起斑点，蕊柱棒状；蒴果纺锤形。

天麻属属名“*Gastrodia*”在希腊语中意为“肚子”，形容其膨大成囊状的花被筒，本种种加词“*confusa*”是“不确定”的意思。

八代天麻别名八代赤剑，是一种非常独特的棕黑色腐生兰，花朵暗淡矮小，自身无法进行光合作用，通过寄生在萌发菌和蜜环菌等真菌身上来获得营养。

八代天麻产中国台湾。日本亦有分布。

红心割｜倒卵叶山龙眼｜*Helicia obovatifolia*｜山龙眼科山龙眼属

乔木；嫩枝、叶、花均被锈色短绒毛；叶倒卵形，顶端具短尖，边缘具疏齿；总状花序腋生，花两性，辐射对称，黄褐色，裂片外卷；坚果倒卵球形，果皮革质，紫黑色。

本种种加词“*obovatifolia*”是“卵形叶片”的意思。倒卵叶山龙眼别名红心割、莲花池山龙眼，产我国华南地区的常绿阔叶林中。东南亚亦有分布。

烟对茶，果对瓜，酸枣对山楂
星宿对太阳，冷水对香茶
高山桦，草原霞，落苏对升麻
连香风吹楠，扶芳水漂沙
路边青半蔓白薇，山里锦一枝黄花
水流钟头，千年不烂心无量
独行千里，楚雄安息香百家

烟（草）｜兰氏烟草｜ *Nicotiana langsdorffii* ｜茄科烟草属

一年或有限多年生草本，全株覆盖腺毛；叶披针形至卵形，顶端渐尖，基部半抱茎，花序圆锥状顶生，花冠淡黄色漏斗状；蒴果卵形。

早在15世纪哥伦布的第一次美洲探险中，欧洲人就发现伊斯帕尼奥拉岛（Hispaniola）上的土著居民会吸食烟草提神。16世纪，法国外交官让·尼科（Jean Nicot,1530-1600）将烟草引入欧洲，烟草属的学名“*Nicotiana*”正是为了纪念他而命名。烟草由西班牙人带入菲律宾（吕宋），又于明朝万历年间传入中国，在中国别名“菸草”“金丝烟”“淡巴菰”“相思草”等。姚旅《露书》中记载，“吕宋国有草名淡巴菰，一名金丝醺，漳州人自海外携来。烟气从管中入喉，能令人醉，亦辟瘴气，捣汁可毒头虱。”明帝崇祯“严禁弗能止（《眉庐丛话》）”，直到康熙时朝廷亦禁烟，但烟草仍在民间流行开来。

烟草，摄于布鲁克林植物园。

(山)茶 | *Camellia japonica* | 山茶科山茶属

灌木或小乔木；叶长圆形，先端略尖，边缘具细锯齿；花 1~3 朵顶生，白色、玫红色等，花瓣 6~7 片至重瓣，阔卵形，雄蕊 3 轮，外轮基部连生，子房无毛；蒴果球形。

林奈将山茶属命名为“*Camellia*”，以纪念来自 17 世纪在菲律宾传教的耶稣会教士乔治·约瑟夫·卡莫（Georg Josef Kamel, 1661-1706）为植物学做出的贡献。

山茶在早春一月到四月开放，比常青的松柏艳丽，比同样早开的梅花美得恣意。苏轼写红山茶是又怜又爱：“谁怜儿女花，散火冰雪中”，“掌中调丹砂，染此鹤顶红”；黄庭坚写白山茶是欣赏：“孔子曰，岁寒然后知松柏之后凋也，丽紫妖红，争春而取宠，然后知白山茶之韵胜也”；而曾巩写山茶则是一种大气磅礴的赞美：“寒梅数绽小颜色，霰雪满眼常相迷，岂如此花开此日，绛艳独出凌朝曦。”

世界各地的人们都喜爱山茶，现已栽培出上千个园艺品种。

山茶，摄于西雅图。

（沙）果 | *Malus asiatica* | 蔷薇科苹果属

落叶小乔木；老枝暗紫褐色，有稀疏浅色皮孔；叶卵形，先端急尖，边缘具细锐锯齿；伞房花序集生小枝顶端，萼筒钟状，花瓣倒卵形，淡粉色；梨果近球形，黄色或红色。

本种种加词“*asiatica*”意为“来自亚洲”。沙果别名花红、林檎、文林郎果，产我国南北多省。

（西）瓜 | *Citrullus lanatus* | 葫芦科西瓜属

一年生蔓生藤本；茎、枝具棱沟，被长柔毛，卷须2歧；叶心形，羽状分裂；雌雄同株，花单生叶腋，花冠淡黄色，裂片卵状长圆形；果实硕大，椭圆形，肉质多汁，果皮光滑，具条纹，种子多数，卵形，黑色。

本种种加词“*lanatus*”意为“多毛的”。

西瓜原产非洲，现在广泛栽培于世界温带、热带地区。大约在五代时期，西瓜从西域传入中国。《陷虏记》记载了宣武军节度使萧翰的掌书记胡峤任随军入契丹，返回时在距离上京四十里之处时吃到西瓜的经历。他说，西瓜是“契丹破回纥得此种以，牛粪覆棚而种”。宋范成大诗云，“碧蔓凌霜卧软沙，年来处处食西瓜；形模濩落淡如水，未可葡萄苜蓿夸”，说明宋时西瓜已经是常见的水果了。

如果拦腰切开一个西瓜，我们就能观察到瓜瓤中间有颜色较淡的三条分界线，那就是西瓜果实的心皮。人们喜欢吃的红色西瓜瓤，其实是由心皮发育而来的胎座。葫芦科各种植物的果实都有这个特点。

酸枣 | *Ziziphus jujuba* var. *spinosa* | 鼠李科枣属

灌木至落叶小乔木；小枝紫红色，老枝灰褐色，具2枚托叶刺；卵形叶片互生，边缘具圆齿状锯齿；聚伞花序腋生，花两性，花瓣5片，黄绿色倒卵形，基部具小爪；核果卵圆形，成熟时红色。

本变种种加词“*spinosa*”意为“有刺的”。酸枣古称“棘”，常与枳并称，代表多刺的灌木或薪柴，古人会在院墙边栽植作为篱笆。《诗经》中有“湛湛露斯，在彼杞棘”“鸣鸠在桑，其子在棘”的诗句，《山海经》中亦有“北岳之山，多枳棘刚木”之说。

酸枣，摄于北京房山山区。

山楂｜ *Crataegus pinnatifida* ｜蔷薇科山楂属

落叶乔木或灌木；树皮粗糙，灰褐色，新枝紫褐色；叶三角状卵形，羽状深裂，具不规则重锯齿；伞房花序，花白色，花瓣5枚，倒卵形；梨果球形，熟时深红色，有浅色斑点。

山楂属属名"*Crataegus*"是"坚硬"的意思，本种种加词"*pinnatifida*"是"羽状裂"的意思。根据《本草纲目》，山楂"生于山原茅林中，猴、鼠喜食之"。山楂别名猴楂、鼠楂、棠梂子、山里红、赤爪子、朹、蛮楂、瘙楂、木李、木梨、檕梅等。山楂产我国北方的山坡或灌丛。朝鲜、俄罗斯亦有分布。

星宿（草）｜漆姑草｜ *Sagina japonica* ｜石竹科漆姑草属

一年生小草本；茎丛生，稍铺散；叶线形，顶端急尖；花单生枝端，花瓣5，狭卵形，稍短于萼片，白色，顶端圆钝；蒴果卵圆形，5瓣裂，表面具尖瘤状凸起。

漆姑草属属名"*Sagina*"是"肥壮、有营养"的意思，因为人们认为牲畜在漆姑草生长的草地上吃草会长得肥肥壮壮。漆姑草别名星宿草、羊泉、羊饴。《本草纲目》记载，漆姑"诸名莫解，能治漆疮"。

漆姑草产我国南北多省。俄罗斯、朝鲜、日本、印度、尼泊尔亦有分布。

太阳（花）｜牻牛儿苗｜ *Erodium stephanianum* ｜牻牛儿苗科牻牛儿苗属

多年生草本；茎多数，仰卧或蔓生，具节；叶对生，具长柄，三角状卵形，二回羽状深裂；萼片具长芒，伞形花序腋生，花瓣紫红色，倒卵形，覆瓦状排列；雄蕊10枚，外轮5枚无花药，内轮5枚有花药；蒴果5室，细长。

牻牛儿苗属属名“*Erodium*”在希腊语中意为“鹭”，指其果实喙如鹭嘴一般的形态。“牻牛儿”就是雄牛。《救荒本草》记载，牻牛儿苗“就地拖秧而生，茎蔓细弱，其茎红紫色，叶似园荽叶，瘦细而稀疏，开五瓣小紫花，结青蓇葖儿，上有一嘴，甚尖锐，如细锥子状，小儿取以为斗戏。”《植物名实图考》把牻牛儿苗叫作“牵巴巴”，意为啄木鸟，亦取其果实似鸟嘴之意。

牻牛儿苗广布我国南北，俄罗斯、日本和中亚各国亦广泛分布。

牻牛儿苗，摄于北京红螺三险。

冷水（花）｜*Pilea notata*｜荨麻科冷水花属

多年生草本；叶卵形，边缘具齿，绿白色；聚伞花序，雌雄异株，雄花花被4深裂，雌花花被3裂；瘦果宽卵圆形。

冷水花别名透白草，产我国华南、东南、西北等地山谷、溪边和林下阴湿处。

香茶（菜）｜*Isodon amethystoides*｜唇形科香茶菜属

多年生直立草本；根茎肥大，茎四棱形；叶卵形至披针形；聚伞花序组成圆锥花序，唇形花冠白或蓝紫色；果萼阔钟形，成熟小坚果卵形。

香茶菜属属名“*Isodon*”意为“具等齿的”，本种种加词“*amethystoides*”意为“紫水晶色”。香茶菜别名石蚣蚆、铁称锤、铁钉头、蛇总管、痱子草、棱角三七、石哈巴、山薄荷等，产我国东南、华南地区的林下或草丛。

高山桦｜*Betula delavayi*｜桦木科桦木属

乔木或小乔木；树皮暗灰色，枝条灰褐色，小枝密生黄色长柔毛；叶椭圆形，顶端渐尖或钝圆，边缘具重锯齿；果序单生，小坚果倒卵形。

如前文“九子不离母”，本种种加词“*delavayi*”是为了纪念法国传道士、探险家、植物学家德洛维而命名。高山桦产四川、云南、西藏海拔2400~4000米的山坡、山谷。

草原霞（草）｜草原石头花｜*Gypsophila davurica*｜石竹科石头花属

多年生草本，全株无毛；茎丛生；叶线状披针形；聚伞花序，花萼钟形，萼齿边缘白色，脉5条；花瓣白色至淡粉红色，具淡紫色脉纹，倒卵状长圆形，顶端微凹；蒴果卵球形。

石头花属属名“*Gypsophila*”在希腊语中是“喜爱石灰岩”之意，本种种加词“*davurica*”是“来自达斡尔地区”的意思。草原石头花产我国北方的草原、丘陵和沙丘。俄罗斯、蒙古亦有分布。（见下页）

落苏｜茄｜*Solanum melongena*｜茄科茄属

直立分枝草本至亚灌木；小枝多为紫色，花梗、花萼常被皮刺；叶长圆状卵形，基部

茄子，摄于美国纽约布鲁克林植物园。

不对称，边缘波状圆裂；蝎尾状不孕花与能孕花并出，花冠星状辐形，冠檐浅5裂，白色或淡紫色，花药黄色；浆果紫色。

本种种加词“*melongena*”意为“疯苹果”，因欧洲一度认为食用茄子会让人精神错乱。茄子别名落苏、昆仑瓜、草鳖甲、酥酪、渤海、小菰等。我们常见的茄子虽然个头不小，但从植物学角度来讲其实是浆果。在人们驯化之前，野生茄子只有鸡蛋大小，果皮也不是紫色，而是绿色或白色，怪不得在英语中又叫作“鸡蛋草（eggplant）”。

茄子的果肉特别能吸收油和调味料，利于烹调，位居茄科三杰（地三鲜）之一。

草原石头花

《红楼梦》中最著名的一道菜莫过于“茄鲞（xiǎng）”，做法是“把才下来的茄子把皮签了，只要净肉，切成碎钉子，用鸡油炸了，再用鸡脯子肉并香菌、新笋、蘑菇、五香腐干、各色干果子，俱切成丁子，用鸡汤煨干，将香油一收，外加糟油一拌，盛在瓷罐子里封严，要吃时拿出来，用炒的鸡瓜一拌”，光看文字都令人垂涎欲滴。

茄原产印度一带，现广泛栽培于世界温带、热带地区。

总状升麻，摄于仙纳度国家公园。

（总状）升麻 | *Actaea racemosa* | 毛茛科类叶升麻属

多年生草本；基生叶为三出羽状复叶，边缘具粗锯齿；总状花序，花无花瓣和花萼，由50~100枚紧密排列的白色雄蕊和1枚白色雌蕊构成，气味兼具芳香和恶臭；蓇葖果长圆形。

类叶升麻属属名“*Actaea*”来自希腊语，描述其潮湿的生境和类似接骨木的叶片，本种种加词“*racemosa*”意为“总状花序的”。总状升麻别名黑升麻。“升麻”一名载于《本草纲目》，因这类植物“其叶似麻，其性上升”而得。

总状升麻原产于北美，北至加拿大安大略省，南至美国佐治亚州中部，西至密苏里州和阿肯色州都有分布。美洲土著人曾用总状升麻的根茎制作药草。

连香（树） | *Cercidiphyllum japonicum* | 连香树科连香树属

落叶乔木；树皮灰色或棕灰色；叶心形或椭圆形，边缘具圆钝锯齿，先端具腺体，下面带粉霜；雌雄异株；蓇葖果荚果状。

连香树属属名“*Cercidiphyllum*”意为“叶似紫荆树（Cercis）”，本种种加词是“日本的”的意思。连香树的叶尖有腺体，会散发出一种榛果巧克力调奶油的香味，雨后尤其馥郁。一旦识得这种香味，循香而往，便能找到连香树。

连香树原产中国、日本，树木高大，寿命长久，是古老的第三纪古热带植物的孑遗单科植物，现已濒临灭绝，被列入《中国珍稀濒危植物名录》，是国家二级重点保护植物。

连香树，摄于纽黑文。

· 风吹楠 | 同第八章“霍而飞”

扶芳（藤） | *Euonymus fortunei* | 卫矛科卫矛属

常绿藤本灌木；小枝方棱；叶对生，椭圆形至披针形；聚伞花序，小花花瓣 4 枚，白绿色，花丝细长，子房 4 棱；球形蒴果粉红色，成熟后裂开，露出 4 枚包被着鲜红假种皮的种子。

本种种加词“*fortunei*”是为纪念苏格兰园艺家、旅华植物采集者罗伯特 · 福琼而命名。扶芳藤别名滂藤，产我国南北多省。日本、韩国、东南亚亦有分布。

水漂沙 | 寒莓 | *Rubus buergeri* | 蔷薇科悬钩子属

直立或匍匐小灌木，茎常伏地生根，出长新株；卵形单叶互生，边缘浅 5~7 裂，边缘具不整齐锐锯齿；总状花序，花瓣 5，白色倒卵形；浆果成熟后由红色转为紫黑色。

悬钩子属属名“*Rubus*”是“红色”的意思，本种种加词“*buergeri*”是为纪念德国植物学家海因里希 · 布尔格（Heinrich Bürger, 1804？-1858）而命名，他为 19 世纪日本植物的研究做出了巨大贡献。寒莓别名水漂沙、地莓、寒刺泡、猫儿丑、虎脚丑、耷朵公、咯咯红等，产我国南方多省。

路边青 | 水杨梅 | *Geum aleppicum* | 蔷薇科路边青属

多年生草本，茎直立；各部叶形差异大，基生叶为大头羽状复叶，茎生叶为羽状复叶，顶生小叶卵形至披针形；花序顶生，花瓣黄色卵圆形；聚合果倒卵球形。

路边青属属名来自拉丁语，本种种加词“*aleppicum*”意为“来自阿勒波（Aleppo，叙利亚西北部城市）”。水杨梅别名路边青、兰布政、地椒。《本草纲目》载：水杨梅“生水边，条叶甚多，生子如杨梅状”。水杨梅在北半球温带及暖温带常见，可制肥皂和油漆，嫩叶可作野菜。

半蔓白薇｜变色白前｜*Cynanchum versicolor*｜夹竹桃科鹅绒藤属

半灌木；茎下部直立，上部缠绕；卵形叶对生；聚伞花序腋生，花冠钟状辐形，初开黄白色，渐变为黑紫色，枯萎后变成褐色，副花冠极低；蓇葖果披针形。

本种种加词“*versicolor*”意为“变色的”。“变色白前”因花会变色而得名，别名半蔓白薇、白龙须、白马尾、白花牛皮消，在我国东北、华北、东南地区有分布。

山里锦｜河南海棠｜*Malus honanensis*｜蔷薇科苹果属

灌木或小乔木；老枝红褐色，具稀疏皮孔；叶宽卵形，先端急尖，边缘具尖锐重锯齿；伞形总状花序，花瓣卵形，基部近心形，有短爪，粉白色，花柱3~4；果实近球形，黄红色，萼片宿存。

河南海棠别名大叶毛楂、牧孤梨、冬绿茶，产我国华北、西北地区，生山谷或山坡丛林中。

（蓝茎）一枝黄花｜*Solidago caesia*｜菊科一枝黄花属

多年生草本；茎纤细，低垂，深绿至蓝紫色；叶狭披针形；头状花序聚生叶腋，小花为黄色舌状花。

一枝黄花属属名“*Solidago*”有“疗愈”

蓝茎一枝黄花，摄于康奈尔大学校园。

之意，本种种加词“*caesia*”是“浅蓝色”的意思。蓝茎一枝黄花原产北美中部和东部地区。

·水流钟头 | 同第五章“八角亭”

千年不烂心 | 毛母猪藤 | *Solanum cathayanum* | 茄科茄属

草质藤本，多分枝，各部密被长柔毛；心形叶互生；聚伞花序顶生或腋生，花冠5裂，蓝紫色或白色，开放时花瓣向外反折；浆果熟时红色。

本种种加词“*cathayanum*”是“来自中国”的意思。毛母猪藤产我国南北多省。

无量（藤） | 金灯藤 | *Cuscuta japonica* | 旋花科菟丝子属

一年生寄生缠绕草本；肉质茎黄色、紫红色，不长叶；穗状花序，小花钟状，淡红色，浅5裂。

金灯藤别名无娘藤、飞来藤、山老虎、雾水藤、金丝草、天蓬草等，产我国南北多省。朝鲜、日本亦有分布。

独行千里 | 锐叶山柑 | *Capparis acutifolia* | 山柑科山柑属

藤本或灌木；叶长圆状披针形；几朵花排成一短纵列生于叶腋，花瓣长圆形，白色，基部近粉红色，雄蕊十数枚，长约花瓣的两倍；成熟果实呈鲜红色椭球形。

本种种加词“*acutifolia*”意为“叶形尖锐的”。锐叶山柑产我国东南沿海地区。东南亚亦有分布。

楚雄安息香 | 楚雄野茉莉 | *Styrax limprichtii* | 安息香科安息香属

灌木；叶互生，椭圆形，上部具锯齿；总状花序顶生，花白色，芳香，花萼杯状，密被柔毛，花瓣椭圆形，花蕾时做覆瓦状排列；核果球形。

楚雄野茉莉原产我国云南、四川，本种模式标本采自云南楚雄。

·百家（桔） | 同第四章“狮子滚球”

锐叶山柑

[1] Anderson, J. G, 2013, pp.173–175, 245.

[2] 庚是金子的意思。

[3] Nelson, A.P., 1963.

[4] "山芬"一名载于《本草品汇精要》"白术"条，其他中医药典文献中都没有该名，而是大多提到"山芥"，故"山芬"疑为"山芥"的笔误。但由于《草木十二韵》对仗押韵严丝合缝，暂时无法找出一个更好的词来替代，暂时不作修改。

[5] Marcussen 等，2014.

[6] 由于粉团先被植物学家命名，所以原种蝴蝶戏珠花反而是具有变种加词的那个。

[7] 雪在这里是"擦拭"的意思。

[8] Carl, J. 等，2014.

美中寻真：诗人和植物学家的“跨界”探索

植物与诗歌的关系远比我们想象的更为深远。除了古今中外的咏物诗歌及诗歌中的植物意象，文体方面，我国自南北朝以来就有匠心独运、巧用植物名字双关的“药名诗”；科学方面，英国 18 世纪的植物科学诗不仅加速了植物学知识的普及，还释放了女性在植物学研究中的巨大潜力，由此促进了性别平等和社会观念的进步；文学方面，很多诗人和哲学家以富于感性、直觉和诗意的方式探索自然，并在植物学研究的对象和概念中汲取新的语料素材和灵感来源。一直到现代，喜爱植物学的诗人和喜爱诗歌的植物学家仍在这文学、科学和艺术的交界地带不断探索和创造。

巧借离合，中国古代药名诗

植物在诗歌中一直是重要的意象，早就融入了我们的文化血液中。我们吟诵“蒹葭苍苍，白露为霜”“桃之夭夭，灼灼其华”“采采芣苡，薄言采之”，遥想三千年前的古人和我们一样望着同样的芦苇、桃花和车前草；我们朗诵“红豆生南国”“秦桑低绿枝”“丁香空结雨中愁”，仍能身临其境地体会诗中的欢愉或哀伤。清代汪灏所辑的《广群芳谱》中收录了历朝诗人为 720 余种植物题写的咏物诗，谓之“集藻”。从中不难发现，许多青史留名的诗豪，如杜甫、白居易、苏轼、黄庭坚等，也是吟花无数的“植物爱好者”。

《草木十二韵》以植物名入诗形成双关语义的文体，可以追溯到中国古代的“药名诗”。药名诗，顾名思义，就是以中药名称入诗。这些药名绝大多数是植物，也有少数矿物和其他成分，如自然铜、滑石、云母和人中白。早期的药名诗对药名的使用还仅限于平铺直叙地罗列。吴曾在《能改斋漫录》中引梁简文帝“烛映合欢被，帷飘苏合香”等句（本章后文诗文中，中药名均用下划线标出），论证药名诗最早出现在南梁。撰写《四声谱》，首开声律先河的南梁诗人沈约，亦作有《奉和竟陵王药名诗》。在“木兰露易饮，射干枝可结；阳隰采辛夷，寒山望积雪”一句中，木兰、射干、辛夷（紫玉兰）、积雪草几种植物都是作者直接观察、接触的对象。

射干（*Belamcanda chinensis*），摄于西双版纳植物园。

药名诗在唐代渐成风气，植物名越来越多地出现在诗中，诗人描写的对象却不再是这种植物本身，甚至脱离具体的物象，产生双关和抽象的意味。很多诗人把药名嵌在两句之间，形成一种新颖的“离合体”。唐代诗人张籍在《答鄱阳客药名诗》（《全唐诗》卷 386-91）句中和句间嵌入药名：“江皋岁暮相逢地，黄叶霜前半下枝；子夜吟诗问松桂，心中万事喜君知[1]”。陆龟蒙《药名离合夏日即事三首》（《全唐诗》卷630-27）则是更为工整的离合体：

乘屐著来幽砌滑，石罂煎得远泉甘。草堂只待新秋景，天色微凉酒半酣。

避暑最须从朴野，葛巾筠席更相当。归来又好乘凉钓，藤蔓阴阴著雨香。

窗外晓廉还自卷，柏烟兰露思晴空。青箱有意终须续，断[2]简遗编一半通。

地黄(*Rehmannia glutinosa*)，摄于北京大学。

皮日休、陆龟蒙、张贲三位诗人还把药名诗玩出了花样，三人一唱一和一唱，作过一段有趣的《药名联句》（《全唐诗》卷793-5）：

为待防风饼，须参薏苡杯（贲）

香燃柏子后，樽泛菊花来（日休）

石耳泉能洗，垣衣雨为裁（龟蒙）

从容[3]犀局静，续断玉琴哀（贲）

白芷寒犹采，青葙[4]醉尚开（日休）

马衔衰艸卧，乌啄蠹根廻（龟蒙）

雨过兰芳好，霜多桂末摧（贲）

朱儿应作粉，云母讵成灰（日休）

艺可屠龙胆，家曾近燕胎（龟蒙）

墙高牵薜荔，障软撼玫瑰（贲）

鼯防啼书户，蜗牛上砚台（日休）

谁能将藁本，封与玉泉才（龟蒙）

刺芒龙胆（*Gentiana aristata*），摄于青海年保玉则。

唐代的药名诗仍旧比较刻板、工整，药名用在何处很容易分辨。及至宋代，诗歌艺术更臻化境，诗人们纷纷开始追求新意，打破常规，药名插入诗中的规则也变得更加灵活、隐蔽，一语双关，心思巧妙，却似自然天成。《苕溪渔隐丛话》引宋代诗话辑《漫叟诗话》，认为作药名诗应该“字则正用，意须假借”

“用其名字隐入诗句中，造语稳贴，无异寻常诗也”，就是说要把药名用得看不出是药名，与诗意浑然一体方好。祝尚书在《漫话宋人药名诗》一文中提到，由于求变，宋人“不拘于诗教观念，更不满足传统题材及其表达方式，而热衷于发掘前人偶尔为之的变体”。此外，禽名、数名、地名、星名、卦名等语汇也开始像药名一样，进入宋人的诗歌世界。

宋人中，作药名诗最出名的是曾官至司封郎中的陈亚。他从小养在行医济世郎中的舅父膝下，耳濡目染了不少中草药的学问，其人又风趣幽默，被称为“滑稽之雄”。陈亚作有上百篇雅俗共赏的药名诗、药名词，善用谐音，如《生查子词·药名闺情》一首，用药名写亲情，朗朗上口，毫无生涩之处：

相思意已深，白纸书难足。字字苦参商，故要檀郎读。

分明记得约当归，远至樱桃熟。何事菊花时，犹未回乡曲[5]？

北宋黄庭坚作有《荆州即事药名诗八首》，是药名诗中极负盛名的一组。读者即便对药名一无所知，仍能流畅地理解其情节、体会其诗意。倘若能解其中嵌入的药名，更要感叹诗人的巧思和中文的精深了：

四海无远志，一溪甘遂心。牵牛避洗耳，卧著桂枝阴。

前湖後湖水，初夏半夏凉。夜阑乡梦破，一雁度衡阳。

千里及归鸿，半天河影东。家人森户外，笑拥白头翁。

天竺黄卷在，人中白发侵。客至独扫榻，自然同此心。

垂空青幕六，一一排风开。石友常思我，预知子能来。

幽涧泉石绿，闭门闻啄木。运迤胡奴归，车前挂生鹿。

雨如覆盆来，平地没牛膝。回望无夷陵，天南星斗湿。

使君子百姓，请雨不旋复。守田意饱满，高壁挂龙骨[6]。

《苕溪渔隐丛话》亦引《漫叟诗话》中所录孔平仲药名诗二则：

鄙性常山野，尤甘草舍中。钩帘阴卷柏，障壁坐防风。客土依云实[7]，流泉架木通[8]。行当归老矣，已逼白头翁。

此地龙舒国，池隍兽血余。木香多野橘，石乳最宜鱼。古瓦松杉冷，旱天麻麦疏。题诗非杜若，笺腻粉难书。

药名诗虽巧，却为中国古代主流文学界不齿，视其为文字游戏而非正经诗歌。南宋严羽在《沧浪诗话》云：“字谜、人名、卦名、数名、药名、州名，如此诗，只成戏谑，不足法也”。到了明清，药名（花名）诗文已成滥觞，走入了通俗读物。明朝嘉庆年间有一本奇书《草木春秋演义》，作者云间子收集“味之辛甘淡苦，性之寒热温凉，或补或泻或润或燥，以治人之病，疗人之疴”之百草，“演成一义，以传于世”。《草木春秋演义》写的是“番邦狼主”巴豆大黄侵犯“汉朝仁德之君”刘寄奴治下的国土，于是国内忠勇之士纷纷挺身护主的故事。故事中每个角色都由一味中药扮演，其性格与药性也有对应之处，读来十分有趣。

很少有人知道，《西游记》中也有一首药名诗。第三十六回“心猿正处诸缘伏，劈破旁门见月明”里，作者就借唐三藏之口展现了博杂的学识。此前的药名诗多是文人抒怀，写来写去都是差不多的意趣。而唐僧这首药名诗中插入了王不留行、马兜铃等九种植物，和情节贴合得严丝合缝，令人不由得称奇：

自从益智登山盟，王不留行[9]送出城。
路上相逢三棱子，途中催趱马兜铃。
寻坡转涧求荆芥，迈岭登山拜茯苓。
防己一身如竹沥，茴香何日拜朝廷？

晚清大型女性丛书《香艳丛书》中收录了一篇《百花扇序》，作者赵杏楼在650字的文章中拆散、暗藏了97种植物的名字。在此摘录一部分，不知读者能读出几种[10]：

自古美人多薄命，正如风播杨花。苟非之子遇同心，几见扇迎桃叶。所以青楼色减，玉女名湮，纵或萍水相逢，不少赠芍秉兰之什，无如茑萝莫托，徒深凤漂鸾泊之悲。故迷香之洞无春，比红之诗难继也。兹有兰芗女史，桂籍仙娥，颜如槿华，年方瓜及。惺忪杏眼，剪秋水之双清；的砾樱唇，探春痕之一点。只以家无儋石，居少槐堂，遂依姊妹丛中，侨寓胭脂巷口。委玫瑰于粪壤，素质何堪。

植物名入诗在中文中得以实现，且成蔚然之观，得益于中文本身的特性。余光中在《中国古典诗的句法》中谈到，中国古典诗歌在文法上“伸缩自如，反复无碍，极富弹性”“主语往往可以省略，动词有时候也可以不要，西文中不可或缺的冠词、前置词、连系词等都可以付之阙如”，因此可以“寿而不耄”。此外，汉语没有曲折变化，而是依靠词序、助词来表达语态和时态。换言之，中文的字词在句子里无论怎么使用，本身都不会变化，只是组合方式不同。举个例子，孔平仲用“甘草”写“尤甘草舍中”，“甘”读起来就变成了一个动词，表示“喜爱”，“草”则成了“舍”的定语，产生了全然不同的意思，而“甘草”还是“甘草”。与中文相反，这样的写法在西文中就很难实现。一个词作主语、谓语、定语、状语等不同的成分，是单数还是复数，阴性、阳性还是中性，词语都会有不同的变格和变位，加上不同的语尾，无法像中文一样自由组合和省略。

药名诗虽精巧，但由于能用于谐音和双关的草药名毕竟有限，到了后期不免趋同、重复。诗人们对于这些植物的了解也未必很深，就算只知其名不识其草，也完全无碍于创作。人们见怪不怪，早已看穿了诗人们使用的技巧，药名诗的魅力便慢慢消泯了。

启蒙与浪漫之间的科学植物诗

由于语言本身条件的限制，西文中很难产生“药名诗”这样一语双关的文字游戏。但是随着社会进步、科学发展和自然教育的普及，植物的诗意不再仅仅停留在名字上，而是开始与博物学和自然科学发生关系。

18 世纪是一个激动人心的时代，启蒙时代的光辉仍未落下，浪漫主义的潮流已涌来。16 世纪的航海大发现落下帷幕，西班牙、英国、荷兰、法国等国家在全球建立了大批殖民地。旅行和通信日益便捷，探险家、博物学家、植物猎人纷纷踏上发现之旅，把源源不断的新物种、标本、考察记录和科学绘画从世界的各个角落寄回。1735 年，卡尔·冯·林奈（Carl von Linné，1707–1778）出版巨著《自然系统》（*Systema Naturae*），提出系统分类学和双名法。植物学一时风靡欧洲。收集漂洋过海的植物标本、建立栽培珍奇花木的温室，成了上流社会竞相攀比的新风尚。普罗大众亦对植物学表现出空前的热情，纷纷开始阅读植物学书籍和采集植物标本。在启蒙和浪漫两个时代之交，科学和诗歌交汇，碰撞出科学植物诗的耀眼火花。

林奈本人的写作就十分引人入胜。在早年的《拉普兰游记》（*Lachesis Lapponica*）中，林奈以诙谐而生动的文笔描述旅途中的见闻，从民俗写到植物，从蚊虫肆虐之苦写到山火脱身之险，读来令人不忍释卷。后来的《自然系统》中，林奈也善于用富有诗意的比喻来解释植物的繁殖，比如把花瓣比做芬芳的婚床、把雌蕊和雄蕊分别比做新娘和新郎等。这些比喻对科学植物诗影响深远。诗人沃尔夫冈·冯·歌德（Johann Wolfgang von Goethe，1749-1832）说：“除了莎士比亚和斯宾诺沙，在逝者中没有人比他（林奈）对我影响更大。”瑞典剧作家奥古斯特·斯特林堡（August Strindberg，1849-1912）说：“林奈是个碰巧成了博物学家的诗人[11]。”

我们都知道进化论的提出者（或者说提出者之一）查尔斯·达尔文（Charles

Darwin，1809-1882），却很少有人知道他的祖父伊拉斯谟·达尔文（Erasmus Darwin，1731-1802）在行医的同时，还是位诙谐幽默的诗人[12]。1790年，伊拉斯谟完成了林奈著作的英文译本，并出版了一部长诗《植物园》（*The Botanic Garden*），其第二部分叫作《植物之爱》（*The Love of Plants*），以极富浪漫色彩的语言描写植物的受精和繁殖，为林奈的新植物分类系统作"诗意的补充"。然而，这样的诗歌在保守的维多利亚时代一时激起千层浪，被当成色情文学饱受诟病和攻击。下面这首便是一个例子[13]：

领会到隐秘的情意，贞洁的百合俯身陨落

黄花九轮草妒火中烧，高挂着茶色的花朵

年轻的玫瑰美若锦缎，它多么骄傲地

狂饮着新娘脸颊上娇怯的红云

热恋中的忍冬交缠甜蜜的嘴唇

柔软的双臂紧抱着彼此，吻得难舍难分

然而，伊拉斯谟的诗歌却是即将到来的浪漫主义时代的一道超前的曙光。雪莱（Percy Bysshe Shelley，1792-1822）和华兹华斯（William Wordsworth，1770-1850）都对他赞赏有加，柯勒律治（Samuel Taylor Coleridge，1772-1834）称赞他是"最富原创精神的人"。近代伟大的植物地理学和地球物理学先驱亚历山大·冯·洪堡（Alexander von Humboldt，1769-1859）在19世纪40年代写给查尔斯·达尔文的信中说自己是伊拉斯谟的忠实读者，盛赞他的植物诗是大自然和想象力的完美结合[14]。伊拉斯谟的诗歌不仅富于优美的诗意、细致的观察和狡黠的幽默，还发明了一种"附注"，写满了种种好奇和发现。下面这首描写含羞草的诗歌便是一个生动的例子[15]：

娇弱善感，纯洁的含羞草静静伫立

任谁贸然触碰，都怯生生抽回双臂
当云翳遮蔽林间空地，她用
柔软身体尽情感受着自己的存在
当窃窃私语的风暴在天空中麇集
让她闭上甜美双眼沉入梦境
再复以新鲜的晨光将她唤醒
披上面纱，端庄中带着喜悦，谦逊中怀着骄矜
她，一位东方新娘，缓缓走向神圣的庙堂
在那里，柔声许下不渝的爱情誓言
她是国王宫中无上的女王——
在晶莹剔透的高塔中，液态的银
随着时间流逝不停地升降
让指针偏向爱的一极
在酩酊中颤抖，震荡

附注：含羞草，杂性花（Polygamy）[16]，子房1室。

博物学家尚无法解释含羞草叶片迅速阖闭的原因；它的叶片会在夜间植物休眠和白天气温过低时阖上，受到外部刺激时也是如此，叶片会折叠起来，上表面相触，彼此之间像鳞片和覆瓦一样部分重叠；这样或许可以尽量减少上表面和空气的接触；叶片（一般）只会闭合到这个程度，但是据我观察，如果在晚上植株休眠的时候触碰，它们会闭合得更紧，触摸茎和叶片之间的叶柄时尤其如此，这似乎是它最敏感的部位。

除了创作科学植物诗，伊拉斯谟生活中也爱巧用植物名字的双关。在举行婚礼的三天前，他给未婚妻玛丽写了一封信，称自己找到了一本家庭笔记，里面有一条讲解“如何烹饪爱”的菜谱：“若要烹饪爱，取足量美洲石竹和迷迭香，美洲石竹里面混点银扇草和芸香，迷迭香里小米草和益母草各掺一大捧，把它们混合、切碎，再加入一个铅锤、两茎三色堇和一点百里香。一盘色香味俱全的爱就烹好了[17]。”美洲石竹（Sweet-william）暗指他自己，迷迭香是（Rosemary）暗指玛丽，银扇草（Honesty）意为“诚实”，芸香（Herb of grace）意为“优雅”，小米草（Eye-bright）意为“目明”，益母草（Motherwort）暗指“母亲的话”，三色堇（Heart’s Ease）意为“舒心”，百里香（Thyme）与“时间（time）”谐音。所以这份菜谱的言外之意就是：想要获得幸福，需要你我两人共同努力，我保持诚实、优雅，你持家聪敏、贤惠，我们坚定、愉快地相守，假以时日，定会成为一对幸福的爱侣。

迷迭香（*Rosmarinus officinalis*）、三色堇（*Viola tricolor*）和百里香（*Thymus vulgaris*）。

伊拉斯谟的科学植物诗尤其受到女性的欢迎。当时很多学者都反对让女性从事植物学研究，特别是极力反对她们了解植物的性和生殖，认为这样的知识不利于女子保持娴静、端庄。对这些学究们来说，伊拉斯谟的植物诗无疑是头号反面教材。这种声浪在 1798 年教士理查德·宝威利（Richard Polwhele，1760-1838）发表的长诗《无性的女性》（*Unsex'd Females*）和詹姆士·普伦特（James Plumptre，1770-1832）创作的讽刺喜剧《湖畔客》（*The Lakers*）中可见一斑。

尽管如此，女性逐渐开始突破重重阻碍，从业余爱好者转向严谨专业的植物学研究者。女植物学家终于有机会在植物学界崭露头角，比如研究苔藓和地衣的艾伦·哈钦斯（Ellen Hutchins，1785–1815）、植物学家兼植物画家弗朗西斯·阿克顿（Frances Stackhouse Acton，1794-1881）、最早在著作中收录植物摄影的安娜·阿特金斯（Anna Atkins，1799-1871）等。有的女性跟随探险家或博物学家丈夫前往遥远的新大陆探险，自己也开始成为优秀的科学植物画家和博物学家。有地位的女性植物学爱好者也开始发挥更大的能量。1759 年，英国威尔士亲王的遗孀奥古斯塔郡主（Princess Augusta of Saxe-Gotha-Altenburg，1719-1772）在自己的住所中建立了最初的邱园（Kew Gardens，后更名为 Royal Botanic Gardens, Kew）。英王乔治三世的夏洛特王后（Charlotte of Mecklenburg-Strelitz，1744-1818）不仅是一位业余植物学家，还通过自己的影响力进一步扩建了邱园。日后，这里将成为世界上最伟大、收藏最丰富的植物园之一。在她们的引领之下，女性植物爱好者们纷纷开始参加植物学读书会，和男性一起解剖植物，撰写有科学注脚的植物诗歌，甚至开始用植物给孩子们进行性教育，其观念和表达之前卫大胆令当时的学究们惊骇不已。如今看来，这不仅是科学精神的胜利，更是女性自我意识的觉醒。

伊拉斯谟开启了 18 世纪的“诗意植物学运动（Poetic Botany

Movement）”，在他的启发和感召下，弗朗西斯·劳登（Frances Arabella Rowden，1780-1840）、夏洛特·特纳·史密斯（Charlotte Turner Smith，1749-1806）和罗伯特·约翰·桑顿（Robert John Thornton，1768-1837）等后辈继续用浪漫的诗歌来丰富和传播植物学，让刻板严谨的学术研究变得充满色彩、想象和生机。

罗登于1801年出版的《植物学研究的诗意入门》（*A Poetical Introduction to the Study of Botany*）是一部面向女性读者而撰写的植物学入门手册，书的前半部分简单介绍了一些植物学知识，后半部分则以科学植物诗为体裁（诗歌加附注）介绍了数十种常见植物，行文颇得伊拉斯谟的神韵，比如下面这首介绍柳树的诗歌[18]：

柳雌雄异株，具2雄蕊
看那萎靡的少女身披一袭黑衣
步伐颤抖着寻找一个角落哭泣
她已怀抱深爱恋人的尸体
倾尽所有悲叹和泪滴
见到这一幕你心下震撼
从银色的叶片间流出声声叹息
向那逝者的埋骨之所倾斜优美的身体
温柔抚慰她的无边悲戚
远处两位和善的青年
感受到你所有的苦痛，也回以沉重的惋惜

附注：柳属——不同物种的雌蕊和雄蕊差别很大。本属植物的雌花序和雄花序都为葇荑花序；小花没有花冠，花萼不过是葇荑花序中的鳞片。雌花具有卵圆形的子房，逐渐延伸为一对花柱，柱头2裂；子房会形成一个带2枚瓣膜的小室，里面盛着很多细小的种子，顶端覆盖着粗糙的绒毛。以垂柳（*Salix Babylonica*）为例，它是一种枝条下垂的柳树，枝条细长柔软，叶片狭长，有锯齿，像一把长刀。

桑顿所著的《植物神殿》（*Temple of Flora*, 1807）是一本插图精美、旁征博引的著作。在前两章中，桑顿不仅介绍植物学知识，记述自己曾做过的大量植物学实验，还在脚注引用了一些罕为人知的拉丁语诗歌。比如古罗马最后一位重要诗人克劳狄安（Claudian，370-404）在《献给霍诺里乌斯·奥古斯都的赞歌》（*Epithalamium de nuptiis Honorii Augusti*）中对植物生殖过程的描写[19]："叶子生来为了爱／每棵幸福的树／在自己的季节里都体会着爱的力量／棕榈俯下身，为了和另一棵棕榈结为连理／杨树为了寻找另一棵杨树，释放热情的信号／悬铃木对悬铃木轻轻耳语，桤木也是一样"。《植物神殿》的第三章是大量植物诗歌的合辑，其中既有写给林奈分类系统的赞歌，也有不同作者写给某个物种诗歌的集锦。这些诗歌温暖、细腻，充满了人对自然最深切的情感。比如科迪丽娜·斯基尔斯（Cordelia Skeeles，生卒年不详）这首写给雪滴花的小诗[20]：

要写的诗还有好多

娇艳的玫瑰倒也不错

可雪滴花那简洁的美丽

更适合做一位谦逊的缪斯

它的蓓蕾最早装点寂寞的花园

气味比百花更加香甜

它是早春的头一个孩子
只要一处和暖的低地便心满意足
尽管温热慈爱的春风还没有
用香柔的羽翼抚过它的叶片
来啊，让我们向这位春天的传令兵
无与伦比的开放致敬

我国近代亦有一位热爱诗歌的植物学家。中国植物分类学奠基人、中国近代生物学先驱胡先骕（1894–1968）做得一首好旧体诗，撰有《忏庵诗稿》。他曾在1961年写下一首优美古朴的七言律诗《水杉歌》。水杉在新生代时期曾广布北半球，由于冰川活动而几近消失。过去人们一度认为水杉已经灭绝。1939年，日本三木茂博士发现了水杉的化石，但没能揭晓它的身世。1948年，胡先骕与郑万钧两位教授根据王战在1943年采得的标本和三木茂博士的化石联名发表论文，正式为水杉定名。他们发现，由于中国内陆免受冰川影响，水杉得以孑遗至今，成为古植物“活化石”。这一发现引起了世界各国植物学家的重视。

《水杉歌》以“纪追白垩年一亿，莽莽坤维风景丽；特西斯海亘穷荒，赤道暖流布温煦”开头，落笔便是一亿年的光阴，而这并非诗人的夸张手法，而是真正的沧海桑田。中间“半载昏昏黯长夜，空张极燄光朦胧；光合无由叶乃落，习性馀留犹似昨”一句写水杉的习性。诗中亦有“冈达弯拿与华夏，二陆通连成一片；海枯风阻陆渐乾，积雪冱寒今乃见”，描绘那令水杉从广布变得稀有的浩大地质活动。于是“水杉大国成曹郐，四大部洲绝侪类；仅馀川鄂千方里，遗孑残留弹丸地。”就在人们以为水杉早就已经灭绝之时，新发现的野生现存种令世人欣喜万分，“亿年远裔今幸存，绝域闻风剧惊异；羣求珍植遍遐疆，地无南北争传扬”。

除《水杉歌》之外，胡先骕还写过一些咏物词，比如写海仙花“碧叶参差，弱枝颤袅，玉露断烟迷晓”，金合欢“黄金炫彩，璎珞垂珠，麝尘浮动春宵”，南非引进的馥丽蕤花则是“冰姿素骨春婉娴，亭亭一枝凝雾”。可惜他虽然是植物学巨擘，在古体诗词方面造诣亦深，但以如椽大笔描绘物种生命历程的诗作却仅《水杉歌》一首。他的诗歌也并非有意识的科学植物诗，更像是才情漫溢之下的即兴发挥。

诗人和哲人的植物学实践

除了为植物学做“诗意补充”的植物学家，也有很多从植物学中汲取灵感养分的诗人和哲人。他们在文学领域成就斐然，可他们在自然领域中那些富于感性、直觉和诗意的探索方式，却往往为世人忽视。

让–雅克·卢梭（Jean-Jacques Rousseau，1712-1778）不仅是启蒙时代法国伟大的思想家、哲学家，还是一位勤勉的植物爱好者。卢梭出生在日内瓦一个村庄，幼时便体会到了乡村生活的乐趣，但直到生命的最后十五年，植物学才终于成为他热爱的事业。他在《一个孤独漫步者的遐想》（*Les rêveries du promeneur solitaire*，1782）第五篇中说道，“在我所有的住所中，只有比埃纳湖中心的圣皮埃尔岛最能让我感受到真正的幸福，在我心中激发延绵不断的缱绻情思”。正是在逃亡圣皮埃尔岛期间，卢梭开始迷上植物学。虽然年事已高，记忆力不比当年，但他心中激荡着“认识世间所有植物”的热情，还打算着手编撰一本《圣皮埃尔岛植物志》。

卢梭曾经用通信的方式帮助一位女士教导5岁的女儿学习植物学。这些书信广为流传，后结集成《植物学通信》（*Lettres Elementaires Sur La Botanique*，1785）一书出版。这本书语言优美生动，内容简明，偏重介绍各科内植物的共性，适合初学者入门。卢梭鼓励学生到自然界中去观察，并强调不要把认识植物当做一种死记硬背名词的活动，而是要主动思考自然界中的联系，发自内心地去体会好奇心和探索带来的乐趣。歌德评价这部作品为“真正教育的楷模，《爱弥尔》的最佳补充[21]”。

受到林奈和卢梭的启迪，歌德本人也成了一名植物学爱好者和实践者。1775 年，26 岁的诗人来到魏玛，开始为萨克森 – 魏玛 – 艾森纳赫公国（*Sachsen-Weimar-Eisenach*）工作。此前歌德已在文学领域成名，但未曾过多留意过自然，诗歌也多关注人的内心世界和情感。在魏玛优美的乡村风景和大公送给他的带花园的住所中，对自然和科学的热爱突然攫住了诗人的心灵[22]。他开始勤勉地自学植物学知识，尤其是林奈的分类系统，此外亦热衷于地质、色彩、骨学等学科的研究，成为当时欧洲矿石收藏最丰富的人，还通过研究大象的骨骼，在人类胚胎中独立发现了颌间骨。

1790 年，歌德出版了《植物形变论》（*The Metamorphosis of Plants*），论证他的观点：植物的各种器官，如茎、枝、花瓣、花萼、雄蕊、雌蕊、子叶等，都是由叶片通过强化（intensification）和极化（polarity）两种过程变形而来，前者是植物器官变得更复杂、完美的过程，后者是扩大和收缩的过程。歌德一直在尝试找到诗歌和科学的结合点，《植物形变论》中除了文字叙述，也加入了一首开宗明义的同名诗歌。其中，他这样描述叶片变形的过程[23]：

观者总会讶异，那多汁的表面
呈现出变幻无穷的形状和结构——
生长中的叶片具有无限的自由
但是自然喊了暂停；她神奇的双手
温柔地指向更高的完美
她缩窄脉管，调节树液；

很快，叶片的形状渐渐改变
悄悄缩回扩散的边缘
无叶的叶柄独自升高
更精美的茎于是出现
奇迹般地生长，令人目眩

《植物形变论》很难称得上是严格的科学研究著作。歌德的论证方法以主观感受为主，得出的结论也有很大的局限和偏差。后来的生物学家通过研究化石证据发现，叶片并不是一切植物器官的起源，相反，早期的陆生植物甚至不具有叶子。尽管如此，他的思想仍然超越了时代，对 19 世纪的植物学乃至生物学研究产生了深远的影响。

要理解歌德思想的前瞻性和革命性，我们需要了解当时的历史背景。18 世纪以前，人们普遍认为世间一切物种都由上帝历时六天创造，此后物种及种间关系就一直稳定不变。这与古希腊哲学家柏拉图提出的“理型（Theory of Forms）”亦有相似之处：生物在被创造之初总是处于理想状态，后面发生的任何变化都是从完美中堕落[24]。到了 18 世纪初，布丰（Georges-Louis Leclerc de Buffon，1707-1788）和拉马克（Jean-Baptiste Lamarck，1744-1829）等生物学家开始察觉到，物种之间的一些差别和变化是渐进而连续的。但是布丰最终还是退回了创世论的窠臼，坚信上帝亲手打造出了每个物种最初的一对，变异不过是反常的现象。而拉马克则提出了著名的获得性遗传理论（inheritance of acquired characters，即“用进废退”），认为物种为了顺应环境会产生形态和习性的改变，并把这些改变遗传给后代。这一观点后来被证明是错误的，但却是即将诞生的进化思想的前锋。

在《物种起源》（*On the Origin of Species by Means of Natural Selection*，

1859）的引言中，达尔文引用了拉马克和歌德的观察和思想，作为共同起源（common descent）和遗传可变异性（genetic variability）的重要依据[25]。进化论的诞生如划破黑暗的黎明，让一切都解释得通了。可当我们在黑暗中探索的时候，谁说歌德那感性、直觉和诗意的研究方式，就不是通往真理的小径中一支静静燃烧的火把呢？现代的演化生物学已经揭示，花其实是拥有生殖功能的变态短枝，其各个部分，如萼片、花瓣、雄蕊、雌蕊，都是叶片演变而来。而两百多年以前，当世人还在坚信上帝的全能之时，诗人歌德已隐约摸索到了叶片“变幻无穷”的奥秘，难道不是一件激动人心的发现吗？

林奈启发的诗人远远不止伊拉斯谟·达尔文和歌德两位，更加难能可贵的是，他的女儿伊丽莎白·林奈（Elisabeth Christina von Linné，1743-1782）也成了一位对诗人影响颇深的植物学家。1762 年，19 岁的伊丽莎白正在父亲位于瑞典乌普萨拉（Upsala）的花园中玩耍，突然发现旱金莲（Tropaeolum majus）橙红色的花朵上带着一种耀眼的光芒。她敏锐地意识到这种现象的不寻常之处，并在父亲朋友的帮助下确认，这种光芒与电有关。她把这一发现写

旱金莲，摄于美国纽约布鲁克林植物园。

成《论旱金莲的闪光》（*Om Indianska Krassens Blickande*），发表在当年瑞典皇家科学学会的刊物上。伊拉斯谟在长诗《植物之爱》的注释中提及了这一发现，使他的两位读者，英国伟大的浪漫主义诗人华兹华斯和柯勒律治也迷上了闪光的花朵[26]。华兹华斯在他的名作《我孤独地漫游》（*I wandered lonely as a cloud*）中描写水仙："连绵不绝，如繁星灿烂／在银河里闪闪发光[27]"；而柯勒律治在《舒尔顿酒吧诗行》（*Lines Written at Shurton Bars*）的结尾也写道："在夏日的傍晚／金色的花朵闪耀着／一道优美的电火花"。为了这些浪漫主义诗歌的不朽名句，我们或许应该感谢伊丽莎白在花园中的那惊鸿一瞥。

说到借由感性、直觉和诗意来研究自然，不得不提到我们熟悉的美国自然作家亨利·大卫·梭罗（Henry David Thoreau，1817-1862）。梭罗曾在哈佛大学受过专业科学训练，却没有成为一个传统意义上的科学家或博物学家。他师从超验主义思想的代表人物拉尔夫·沃尔多·爱默生（Ralph Waldo Emerson，1803-1882），自称为"一个神秘主义者、超验主义者和自然哲学家[28]"。爱默生本人曾于1832年游历欧洲，期间会见了华兹华斯和柯勒律治两位湖畔诗人，加上前文中提到的彼此影响、互有传承的林奈、歌德、洪堡、达尔文祖孙、卢梭等人，这些当时最为卓越的思想家、哲学家和文学家，让那个时代充满了令人心驰神往的变革、发现和创作。

梭罗持之以恒地观察，用优美的语言和天马行空的想象描写自然和内心世界。他的文字对于专业的生物学家和博物学家来说或许不够严谨，却激励了一代又一代读者："我进入林间，因为我想慎重地生活，只面对生命的本质，看看我能否领悟她的教诲，能否不在奄奄一息之时，方才觉察自己从未真正活过[29]（《瓦尔登湖》）。"他对自然怀有真挚而深切的交感（sympathy），一切生灵和自然过程在他眼中都是自由自在而富有灵性的。他劝诗人去自然中汲取灵感："不光是为了力量，也是为了美，诗人应该不时沿着伐木者的小径和印第安人的足迹旅行，去荒野深处汲取缪斯那新鲜而润泽的甘泉（《缅因森林》）[30]。”

梭罗最早的自然写作是1842年发表在《日晷》（*The Dial*）杂志上的《马萨诸塞州博物志》（*Natural History of Massachusetts*）。这篇优美的文章不时穿插着诗歌，其中一个拉丁学名都没有出现。此时他的植物学知识的确还不够充足，野外考察也不够深入[31]。19世纪40年代末，哈佛大学的科学新星、地质学家和动物学家路易斯·阿加西（Louis Agassiz，1807-1873）以突出的学术成就和独特的人格魅力吸引了一批新英格兰地区的自然爱好者，其中就有梭罗。在隐居瓦尔登湖的第一年里，梭罗曾自告奋勇地为阿加西收集鱼类和爬行动物标本，还寄去几只鳄龟。而阿加西的老对手，植物学家亚萨·格雷（Asa Gray，1810-1888）所著的《植物学手册》（*Manual of Botany*，*1848*），也使梭罗对系统的植物分类学产生了兴趣。在1849年出版的《河上一周》（*A*

瓦尔登湖。

梭罗林中小屋的外观及室内陈设（复制品），摄于马萨诸塞州瓦尔登湖保护区。

Week on the Concord and Merrimack Rivers）中，梭罗终于开始有意识地使用拉丁学名，此后亦学习植物学知识，结交专业植物学家，并深入康科德地区考察和采集。梭罗的自然观察分外勤勉。他记录植物的花期和地点，到了没花可看的肃杀季节就去观察地衣，甚至到了自己都觉得有些厌倦的程度："我感到太多的观察让自己筋疲力尽，让脑袋都有些燥痛……[32]"。他的标本集中收藏了超过九百件标本，在当时的马萨诸塞州几乎是首屈一指。

梭罗的考察很快拓展到新英格兰的其他地区，比如新罕布什尔（New Hampshire）、佛蒙特（Vermont）和缅因（Maine），他的探索也开始具有生物地理学和生态学的视角。1858 年 7 月，梭罗登上了位于新罕布什尔的美国东部最高峰华盛顿山（Mt. Washington），可能是在洪堡那张著名的《安第斯山脉及周边地区植物分布示意图》（*Tableau Physique des Andes et Pays Voisins*，*1807*）的启发下，完成了当地的第一份按植被带划分的详细植物列表。1860 年，梭罗发表了《森林的演替》（*The Succession of Forest Trees*），阐述自己观察到的森林演替过程。梭罗的自然写作不是严格的科学研究。在他内心深处，科学和艺术之间始终有些难以调和的矛盾，曾感叹："为何科学在增进人理解的同时，却非要剥夺人的想象力[33]？"为了调和这一矛盾，梭罗一直尝试在科学写作中融入情感和美学。他怀着对种子深切的爱和尊敬写道：“我知道没有植物能在种子绝迹之处发芽，但我对种子怀有深深的信念——它同样是我这种信念的神秘起源。告诉我你埋下了一颗种子，我便准备好迎接奇迹的发生[34]”。他发现动物在食用植物种子的同时，也在传播和种植它们，这是它们“为自己的消耗向大自然付出的一点税费[35]”。松树林被砍伐后，松鼠和松鸦搬运和贮藏的橡子长成了橡树林，而橡树林又被埋藏在地下的松子孕育出的松树林取代，森林因此重获新生，并继续演替更迭。

梭罗尽管不是提出演替概念的第一人，却是以观察、想象、直觉和优美的文字呈现这个过程的第一人。要得到这样的观察结果，非得经年累月地在树林间徘徊不可。这些经年累月的观察也在梭罗的脑海和文字中构建出了康科德地区景观变化的图景，让他敏感地意识到经济高速发展之时，生态环境的迅速恶化和人类精神的日渐空虚和物化。他意识到，“世界保存在野性之中[36]”，那“广袤、野性、荒僻的自然”才是哺育着人类的母亲，而我们却过早地断奶，投入了只有人与人交往的社会，这样的文明“很快就要达到极限[37]”。

新英格兰地区的秋天，摄于康涅狄格州老熔炉州立公园（Old Furnace State Park）。

到了19世纪，植物学、地质学等自然学科在欧美大学的课程体系中占据了重要的地位，让很多诗人在早年就通过专业学习具备了观察自然的慧眼和技能。美国女诗人艾米莉·狄金森（Emily Elizabeth Dickinson，1830-1886）在安默斯特学院（Amherst Academy）学习期间接触到了植物学，利用课程中学到的知识建立标本集，收集了四百余种腊叶植物标本，并用林奈的分类法做了标注[38]。狄金森一生喜爱栽培珍奇花卉，生前在园艺方面的名声比诗歌要响亮得多。她诙谐地描述自己的生活："别人安息日在教堂过／我的安息日在家中坐——／食米鸟是我的唱诗班——／花果园是我的礼拜堂[39]"。作为一位园艺家，狄金森对天气、时令、植物、昆虫、鸟类的活动和变化熟稔于心，观察令她的诗歌充满了灵性，比如"风开始摇动草叶／声调骇人又低沉／他在大地上虚张声势／又去天空中狐假虎威／树叶把自己从树上解下／自个儿飘向远方——[40]"；"丁香——一年到头都弯着腰——／终于能缀满紫色花朵而招摇——／蜜蜂们——不会嫌吵／它们的祖先——向来都是嗡嗡叫[41]。"

狄金森的温室

英国诗人、小说家大卫·赫伯特·劳伦斯（David Herbert Lawrence，1885-1930）从童年和青少年时期起，就喜欢和同伴们在田间辨认植物、采集标本，在诺丁汉大学（The University of Nottingham）读书期间也曾选修过植物学课程。他为诗集取名为《鸟·兽·花》（*Birds,Beasts and Flowers*）、《三色堇》（*Pansies*）、《荨麻》（*Nettles*）等，无论小说还是诗歌中，俯拾即是对植物的描写，甚至常常出现极富时代特征的植物学术语，比如“原生质（protoplasm，相当于如今生物学中的细胞质）”。在大学课程中，劳伦斯曾透过显微镜观察这种物质。虽然他看到的只是浸泡在化学药剂中没有活力的组织，却在文字中想象那些微妙的生命活动。他笔下的原生质“微微抖动”“闪闪发光”“无法言说地震颤着”“随着花朵的生命跳跃着”。他把人的本我比做植物分生区中正在分裂的细胞：“生命的顶芽颤抖着，一切悬而未决的未知都在那里搏动”；人精神世界中其他的部分，则像分生区和伸长区以外的组织，是“定型的木头，注定成为了无差别的组织[42]”。透过植物和诗歌，劳伦斯反思着人与自然的关系以及工业文明对人的异化，相信“艺术的任务，就是去揭示存在的刹那中，人和周遭环境的关系[43]”。在《连根拔起》（*The Uprooted*）中，劳伦斯把远离了自然的人比做切断了根系的大树；在《命运》（*Fatality*）中，他又把以自我为中心的人类比做落叶，它“一旦脱离枝头，连上帝都不能让它重返”，“只有死亡通过漫长的分解过程，才能重新融入生命之树的汁液[44]”。

现代人越来越意识到，诗歌恒久、隽永，是自然教育的良好媒介，更和优美的风景相得益彰。2017年，我在美国奥林匹克国家公园的幽径中漫步时，曾偶遇一些印有诗歌的指示牌。驻足观看，发现这是由北奥林匹克图书馆系统和国家公园合作推出的“诗歌漫步项目（Poetry Walks Program）”。其中有一首美国诗人谢尔登·艾伦·希尔弗斯坦（Sheldon Allan Silverstein，1932-1999）的《诗人之树》（*Poet's Tree*），令我印象非常深刻：

在诗人之树下，来吧

和我静静地待一会儿

一起观察那故事之叶组成的浓荫下

词语的密网簌簌飘动

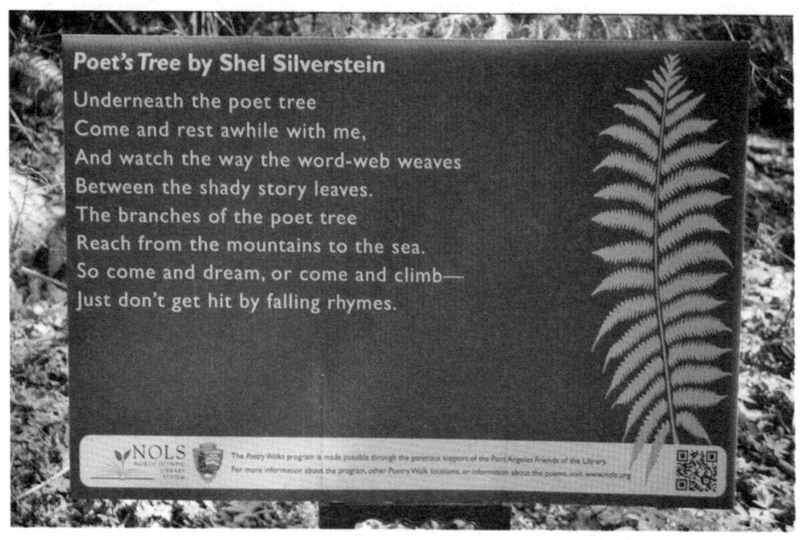

印有《诗人之树》的标牌，摄于美国华盛顿州奥林匹克国家公园（Olympic National Park）。

诗人之树的枝丫

越过了山河大海

就来吧，和我一起做梦，或者攀爬

只是小心，别被掉落的韵脚砸痛了脑瓜[45]

关于诗歌和植物的故事还远远没有讲完，由于篇幅限制，不得不在此处戛然而止。这首诗正是本文最好的结语。自然界中的每种植物都是一位诗人，它们的“故事之叶”飘动着人间最为甘美的语丝，组成跨越山河大海的浓荫。希望这篇文章不仅是本书的开端，也是亲爱的读者——你，自然探索的新起点。我们一起观察自然、阅读自然、吟咏自然，从中可以感受到永恒的诗意。

[1] “半下”为“半夏”谐音；“枝子”为“栀子”谐音；“喜君知”为“使君子”谐音，见第五章“使君子”条。

[2] 空青是一种球形中空结构的碳酸盐类矿物蓝铜矿。续断见第一章“续断”条。

[3] 取“苁蓉”谐音。

[4] 见第二章“青葙”条

[5] 中药名依次为相思子，薏苡，白芷，苦参，狼毒（见第四章“狼毒”条），当归，远志，菊花，茴香。

[6] 诗中药名依次为远志（见第五章“远志”条），甘遂，牵牛，桂枝，前胡，半夏，兰香，杜衡，千里及，半天河，人参，白头翁（见第十章“白头翁”条），天竺黄，人中白，自然铜，空青，排风藤，常思，预知子，石绿，啄木，柴胡，车前（见第九章“车前”条），覆盆子，牛膝（见第三章“牛膝”条），芜荑，天南星，使君子，旋覆（见第一章“旋覆”条），守田，龙骨。

[7] 见第六章“云实”条。

[8] 见第二章“木通”条。

[9] 见第三章“王不留行”条。

[10] 详见《香艳丛书》第二集卷四《百花扇序》。

[11] 歌德和斯特林堡对林奈的评价摘自乌普萨拉大学（Uppsala University）大学官网，林奈生平简介：http://www2.linnaeus.uu.se/online/life/9_0.html .

[12] 为了区别祖孙俩，后文将查尔斯·达尔文统一写作达尔文，而把伊拉斯谟·达尔文写作伊拉斯谟。

[13] Darwin, E., 1798. The Botanic Garden, II. 15–20，自译。

[14] Wulf,2015,P.37.

[15] 同上。II.1:32–3，自译。关于含羞草的介绍，见本书第一章“含羞草”条。

[16] 植株上同时有雄花和两性花。

[17] 转引自 Anderson，J.G，2013，p.99，自译。详见达尔文书信，1806.

[18] Rowden，F.A.，1801. Class XXII，自译。

[19] 自译。原诗为拉丁语，转译自英译：Claudianus，C.，1922. pp.65–68.

[20] Thornton，R.J.，1981，p.102. 节选，自译。关于雪滴花的介绍，见本书第八章“雪滴花”条。

[21] Damrosch，L.，2007，p.472.

[22] Miller G. L.，2009. p.xvi.

[23] 转译自英文，Miller G. L.，2009. p.1，自译。

[24] Anderson，J. G，2013，pp.91–92.

[25] Charles D.，1859，pp.xiii–xiv.

[26] Blick，F.，2017.

[27] 飞白译。

[28] “Henry David Thoreau，1817 - 1862”. ebooks.adelaide.edu.

[29] Thoreau，H.D.，1854，p.72，自译。

[30] Thoreau，H.D.，1988，p.712，自译。

[31] Angelo，R.，1983.

[32]梭罗日记，1853，自译。

[33]梭罗日记，1851.

[34]Thoreau，H.D.，1887，p.51，自译。

[35]同上。

[36]Thoreau，H.D.，1882，p.309.

[37]同上，p.318.

[38]Dickinson，E.，1830–1886. 全册扫描见哈佛大学图书馆网站：https://nrs.lib.harvard.edu/urn-3:FHCL.HOUGH:883158.

[39]Dickinson，E.，1999，p.236，自译。

[40]Dickinson，E.，1999，p.796，自译。

[41]同上，p.374，自译。

[42]M'Mahon，B.，1806，p.189.

[43]Lawrence，D.H.，1934，p.527. 自译。

[44]Lawrence，D.H.，1994，p.503；p.510.

[45]自译。

寻找生活的一点儿颜色：植物入门指南

在乏味的日常中发现一点儿颜色，也是一种平凡生活的英雄梦想。假如你和我走在一起，请原谅我很少看你，也很少看路，甚至不会直视前方。我的目光总是在漫游，在路边、林间搜索着一点儿特殊的颜色。一旦发现可疑目标，便不顾形象地跑过去，俯在地上开始观察：有时是一朵指甲盖大小的花，有的时候是新长出的果实，有时是一个模样奇怪的虫瘿……有时也可能只是一个令人失望的瓶盖。

一年四季，植物总是能给我的心灵带来惊奇的养料。它们是真正的生产者，也是富有创造力和想象力的工匠和手艺家。我想去认识世间所有的草木，像结识一个又一个朋友。所以请允许我通过这篇文章来做一个中间人，分享植物带来的乐趣。

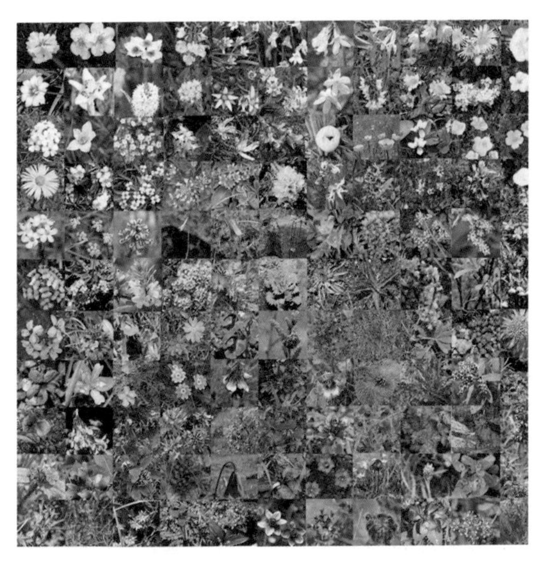

青海年保玉则植物集锦。2014 年我作为北大山鹰社果洛科考队的徒步队长，带队完成了为期四天的高原徒步，期间独立拍摄一百余种植物，按照颜色拼成了这幅珍贵的图片。

这篇导论性质的文章分为六章，分别讨论了植物的命名，观察方法和形态术语，繁殖和传播，食用和酿酒，与数学、文学和艺术中的互动，以及学习方法。

植物的命名

有一部日本动漫的名称《我们仍未知道那天所看见的花的名字》（又叫《未闻花名》），描述了我很大一部分的心理活动：总是想知道那些让人眼前一亮的花草的名字，是每个对自然稍有好奇心的人的本能冲动。那么在植物界该怎样称呼一朵花呢？

平时我们或多或少都知道一些植物的名字，比如“爬山虎”“万年青”。但是这样的名称太模糊了，对于不同地区、职业、背景的人来说，可能指的是完全不同的物种。为了准确地对物种进行区别和分类，生物学家采用双名法对植物、动物和微生物界的物种进行命名。用双名法得到的正式且唯一的名称就是学名，由两个拉丁词组成，第一个词为属名，第二个词为种加词（表示物种特征，或地名、人名）。完整的学名后面还应附加上命名人的姓名缩写。有的物种是变种、亚种，还会有下一级种加词。每个物种仅有一个学名，不会重名。

植物的属名和种加词来源很广，有人名、地名、特征、用途等。有些植物属名源自古希腊神话中的神祇，例如来自森林神的蝇子草属（*Silene*），来自粪肥之神的苹婆属（*Sterculia*），来自月亮女神的蒿属（*Artemisia*）和来自疗愈之神的马利筋属（*Asclepias*）。有些属名源于药效，如治扁桃体的夏枯草属（*Prunella*）、治脖颈的疗喉草属（*Trachelium*）和治疗眼疾的菖蒲属（*Acorus*）。还有的属名简直令人忍俊不禁，比如使君子属属名“*Quisqualis*”的意思是“这是啥”，因为植物学家刚发现本属植物的时候也拿不准它是什么。

植物的拉丁名里有许多有趣的故事。青年植物学者余天一在微博上转发过一张星空爱好者在广西通过叠加 100 张照片拍摄出的星轨图，前景是一片盛开的波斯菊。他提到波斯菊的拉丁属名是“*Cosmos*”，在英文中意为“宇宙”，所以这张照片可以叫作“The Cosmos in the cosmos”。这美丽的巧合至今仍在我脑海中挥之不去。

虽然学名是确定一个物种最准确的方式，但植物的别名和俗名有的唯美，有的粗俗，有的古灵精怪，常常能捕捉到这种植物最鲜明的特征，同时反映出一个地区的人们语言习惯和生活习俗。历史上很多博物学家都喜欢收集动植物的别名、俗名。著名的博物学家约翰·雷（John Ray，1627-1705）就在自己撰写的植物志、鸟类志里记录了大量的动植物别名。这种习惯也和他对民间俗语的热爱有关：雷是个俚语爱好者，曾出版了一本《英文谚语集》（*Compleat Collection of English Proverbs*）。18 世纪前往美洲新大陆探险的植物学家、艺术家马克·盖茨比（Mark Catesby，1682？ -1749）在当时虽然还不把印第安人视为真正意义上的人类居民，但已经开始为在当地收集的植物标本记录印第安语名字[1]。在这个历史节点上，好奇心和求知欲甚至超越了时代的局限。对于普罗大众和业余爱好者来说，准确记忆拉丁学名并不是一件容易的事，记忆植物的常用名和别名不仅方便，也很有趣。把不同语言为同一种植物起的名字放在一起比较，也是一种有趣的文化研究。

在西方，植物的名字常与神话传说息息相关。希腊神话中，美少年那西喀索斯（Narcissus）因迷恋自己的美貌溺水而亡化作水仙（*Narcissus spp.*），植物和美之神阿多尼斯（Adonis）的鲜血化成了红色的银莲花（*Anemone spp.*），女神达芙妮（Daphne）为躲避太阳神阿波罗的追求化作了月桂树（*Laurus nobilis*）。很多植物名称是非常生活化的比喻，比如柳穿鱼的英文名叫作黄油和鸡蛋（butter and eggs），倒地铃的英文名叫作泡芙里的爱（love in a puff），菟丝子英文名叫作淑女蕾丝（lady's laces），荷包牡丹的英文名叫作滴血的心（bleeding heart），等等。

在中文里，植物的名字也十分生动多样。单字的植物名常常以谐音或象形来描述植物的特征，例如“其树高举，其木如柳”的榉、“可以练物”的楝、“秋种厚埋”的麦，都以谐音得名，而“木之多子者”李、“易植而子繁，故字从木从兆”的桃、“二朿相叠”的棗（枣）和“二朿相并”的棘（酸枣）等字，则以字形简明地道出了植物的特点。有的植物名字描述形态，以通俗好记的比喻给人留下深刻的印象，如擎着单独一枚叶片的一把伞南星、种子如宣纸般轻薄的千张纸（木蝴蝶）、果实像算盘珠的算盘子、花形如破碗的打破碗花花、装满带白色绢毛的种子的婆婆针线包（萝藦）等。有的植物名字描述季候，如“冬月青翠”的冬青、“入夏即枯”的夏枯、“因旧苗而生”的茵陈。有的植物名字描述习性，

“九月魅力”银莲花（*Anemone hybrida* 'September Charm'），摄于美国纽约布鲁克林植物园。

如“天之将雨，柽先知之”的雨师（柽柳）、“蜜蜂望之而喜”的蜜望（芒果）、“至暮而合，枝叶相交结”的合欢和生于“牛马迹中”的车前。有的植物名字点出了药用价值，续断接骨，决明明目，墓头回治妇科病，扛板归可治蛇毒，漆姑草可治漆疮，十大功劳的功效两只手才能数得完。有的植物名字暗藏着传说和典故，如徐长卿、虞美人、刘寄奴、八仙过海、嫦娥奔月。有的植物名字自成一个小句子，比如合称“神农架四大名药”的江边一碗水与七叶一枝花、头顶一颗珠、文王一支笔。植物名字的故事说也说不完。

与植物相处之道当真和与人相处之道无异。我们知道了它的形态特点（模样），便能在茫茫人海中一眼将它认出；知道了它的学名（名字）和科（家庭），便知道了它在植物界的位置；再进一步了解它的与众不同之处，长年累月地相处，彼此羁绊，终可成为挚交。

植物界通常指可以通过光合作用产生有机物的物种的集合，下面又分为苔藓植物门、藻类植物门、蕨类植物门和种子植物门，再下面还有“纲目科属种”几个阶元（分类单位）。我们在这里仅仅讨论种子植物，也就是在生活史中能产生种子（而不是孢子），以种子繁衍后代的植物。在传统植物分类学中，种子植物下面又分两个亚门：裸子植物门和被子植物门。前者的种子裸露在外，而后者的种子有果皮包被，构成果实。

植物家们曾经为如何进行植物分类争论不休。早期，林奈根据生殖器官（花蕊）数目对开花植物进行分类。这种分类方法把许多毫无关系的植物分到一类，不能反映植物之间真正的演化关系。在接下来的两个半世纪里，植物学家们根据对不同形态特点的侧重提出了许多分类系统，其中比较广泛使用的是 20 世纪美国分类学家阿瑟·约翰·克朗奎斯特（Arthur John Cronquist，1919-1992）和俄国分类学家亚美因·列奥诺维奇·塔赫他间（Armen Leonovich Takhtajan，1910-2009）提出的两种分类系统。

20 世纪 90 年代，DNA 技术的出现让植物学家在分子系统发育研究的基础上建立了现代被子植物分类系统——APG 分类系统（Angiosperm Phylogeny Group，被子植物系统发育研究组）。APG 系统把被子植物简单地作为一个无等级的演化支，方便与植物界的各种高等级分类系统对接，同时用林奈系统框架处理成等级式的顺序排列版本。2016 年发布的最新版 APG IV 系统共有 64 个目，416 个科。传统分类法把被子植物门分为双子叶植物纲和单子叶植物纲，而在最新的 APG 分类系统中，被子植物按照发育关系被分为木兰分支（2%）、单子叶分支（23%）和真双子叶分支（75%）。

观察方法和形态术语

一株完整的植物包括根、茎、叶、花和果实几大部分。其中，观察花是认植物最直接的方法，也是植物分类的重要依据，因其产生变异的可能最小。卢梭说，在花这个部位"大自然体现了她的集大成之作"。要了解一朵花，我们首先需要区别几个概念：花序、花冠、花被、花瓣。

花序是依固定方式排列的花梗上的一丛花，是植物的固定特征之一。常见的花序有头状花序（Head）、总状花序（Raceme）、伞形花序（Umbel）、伞房花序（Corymb）、穗状花序（Spike）、葇荑花序（Catkin）等。一些植物的花序并不能严格地归为某一种，而是介于两个类型之间，还有一些花序会进一步组成其他花序。

对于植物初学者，仔细观察一朵花可能会颠覆很多旧的认识：有时我们看到的"一朵花"其实是并不只是一朵花。比如一朵蒲公英其实是由无数小花组成的头状花序，使本来不太明显的每个小花集在一起，显得大而醒目，利于招引昆虫。春天杨柳科植物落下的"毛毛虫"也并不可怕，其实是它们的葇荑花序。无花果（*Ficus carica*）不是不长花，而是把自己的花藏在膨大的肉质花序轴里，只留一个小孔让榕小蜂进去传粉，形成隐头花序（Hypanthodium）。花序中除了雄花和雌花，还存在着一种由雌花特化而来的不育的“瘿花”，它们不再承担繁衍的任务，而是成为了榕小蜂产卵的“育婴室”。

无花果的枝、叶、榕果和花，摄于哈佛大学自然博物馆玻璃植物标本室。标本右下角呈现了放大十倍的花，左三为雌花（瘿花），右一为雄花。

下图举例列出了各式各样的花序：藏波罗花（*Incarvillea younghusbandii*）的花朵一般单生或几朵簇生；黄花水芭蕉（*Lysichiton americanus*）在黄色的佛焰苞之内生着棒状的肉穗花序（Spadix）；珠芽蓼（*Polygonum viviparum*）具有滚圆的穗状花序；碎米蕨叶马先蒿（*Pedicularis cheilanthifolia*）的花序介于总状和头状之间；锐叶起绒草（*Dipsacus laciniatus*）具有顶生的头状花序；风箱树（*Cephalanthus occidentalis*）的球形头状花序又组成了圆锥花序；屈曲花

花序举例[2]

的花序也呈球形，但为顶生的总状花序；黄帚橐吾（*Ligularia virgaurea*）的小黄花其实是头状花序，在花梗上又组成总状花序；山麦冬（*Liriope spicata*）具有顶生的总状花序；中国旌节花（*Stachyurus chinensis*）下垂的穗状花序在枝条上整齐地排成一列；金嘴蝎尾蕉（*Heliconia rostrata*）的小花在舟状苞片内排成蝎尾状聚伞花序，又排成鞭炮般二列互生的一串；蓝花楹（*Jacaranda mimosifolia*）为顶生的圆锥花序；垂花葱（*Allium cernuum*）为伞形花序；葛缕子（*Carum carvi*）为复伞形花序；夏至草（*Lagopsis supine*）为轮伞花序；而百日菊（*Zinnia elegans*）则由外围的舌状花和内部的管状花组成了特殊的头状花序，又称篮状花序（Capitulum）。

从植物演化的角度看，花是拥有生殖功能的变态短枝，其各个部分，如萼片、花瓣、雄蕊、雌蕊，实际上都是叶片演变而来。花瓣和萼片本身不负责繁殖，而是对繁殖起到保护和辅助的作用，它们被统称为花被（被片）。花冠是一朵花中所有花瓣的总称。如果花冠由数片花瓣构成，就称之为离瓣的；如果花冠由一整片构成，像牵牛花那样，就称之为合瓣的。花瓣基部常有蜜腺存在，可以分泌蜜汁以吸引昆虫。植物界也有一些奇葩，没有花瓣，只有花蕊，如金粟兰科植物“四块瓦[3]”，是一种非常原始的植物。典型的植物花冠有十字形、蝶形、钟形、唇形、漏斗状、佛焰苞状等，但植物大观园中有的是奇葩。

下图列出了一些不同类型的花冠：杂种鹅掌楸（*Liriodendron tulipifera* × *chinense*）属于较为原始的木兰科植物，还没出现明显分化的花瓣和花萼，9 枚金黄色被片排成 3 轮；五爪金龙（*Ipomoea cairica*）具有旋花科植物常见的漏斗形花冠，上面以浅浅的脉均匀分作几份；银露梅（*Potentilla glabra*）具有典型的蔷薇形花冠，5 枚卵形花瓣离生于花托之上；鱼鳔槐（*Colutea arborescens*）具有豆科标志性的蝶形花冠，由 1 枚旗瓣、2 枚翼瓣和 2 枚龙骨瓣组成；球兰（*Hoya carnosa*）具有辐状五角形的花冠和果冻状半透明的副花冠；加拿大耧斗菜（*Aquilegia canadensis*）的花瓣在尾部延伸成长长的距，把蜜腺藏在里面；杠柳（*Periploca sepium*）毛茸茸的紫红色花冠裂作 5 片，向后反折，副花冠延伸成丝状，向花心弯曲，像一个精致的小篮子；岩须（*Cassiope selaginoides*）的钟形花冠是一个精致的小铃铛，檐部调皮地卷翘起来；紫薇（*Lagerstroemia indica*）的花瓣如卷发般皱缩，以丝状的长爪连在花托上；来自澳大利亚的奇特植物袋鼠爪（*Anigozanthos flavidus*）花冠管状，顶端裂成尖齿，确实很像毛茸茸的袋鼠爪；坛萼马先蒿（*Pedicularis urceolata*）花冠二唇形，上唇弯成鸟喙状，下唇裂成 3 瓣；原产美洲的天使花（*Angelonia Angustifolia*）花冠唇形，看起来像是一个正在声嘶力竭地呐喊的大嘴巴；唐古特虎耳草（*Saxifraga tangutica*）为辐状花冠，5 枚花瓣上均具有痂体；倒挂金钟（Fuchsia hybrid）具有由花萼、花冠与部分花丝合生而成的倒圆锥状花筒；荷包牡丹具有一对合呈心形的外花瓣，匙形的内花瓣如同开裂的心口滴下的泪

花冠举例 [4]

滴；红花西番莲（*Passiflora coccinea*）具有热情的红色花冠，但这份美丽若没有内部 3 轮睫毛一样的副花冠点缀，便少了一些灵气。

苞片和萼片是两个容易混淆的概念。苞片指的是介于正常叶片和花之间的变态叶。而花萼是花的一部分，在花的最外一层，起到保护作用。前者数目可能不定，但后者数目一般确定。爵床科的黄虾衣花（*Pachystachys lutea*），穗状花序中每一朵白色二唇形小花都包被着金黄色的苞片，形如一只栩栩如生的大虾。豆科的排钱树（*Phyllodium pulchellum*）长达半米的总状花序上，每枚圆形的叶状苞片内都藏着小巧的伞形花序，看起来确实像一串铜钱。

黄虾衣花，摄于广州（左图）。排钱树，摄于西双版纳植物园（右图）。

花萼是一个神奇的存在。有时我们看到的“花瓣”不是真正的花瓣，而是花萼；有时我们吃到的“果实”也不是果实，还是花萼。绣球花（*Hydrangea macrophylla*）外围一圈醒目的白色花瓣并不是花瓣，而是花萼，其目的是吸引昆虫，里面的小花才用来繁殖。锦葵科有种植物叫作红萼苘麻（*Abutilon megapotamicum*），圆鼓鼓的花萼搭配着里面伸出的花瓣和花蕊，像极了一个小灯笼。华南地区常见的三角梅（*Bougainvillea spectabilis*）艳丽红紫色的部分也不是花瓣而是萼片。小檗科的淫羊藿（*Epimedium versicolor*）花形奇特，但显著的两轮瓣片都是萼片。毛茛科的很多植物，如美丽的展毛银莲花（*Anemone demissa*），根本没有花瓣，完全由萼片顶替了这一角色。

“淡黄”淫羊藿（*Epimedium versicolor* 'Sulphureum'），摄于康奈尔大学（左图）。展毛银莲花，摄于青海年保玉则（右上图）。红萼苘麻，摄于华南植物园（右下图）。

花瓣和萼片的鲜艳色彩主要来源于细胞中的有色体与液泡中的花青素类色素。在含有色体时，花瓣常呈黄色、橙色或橙红色；而含花青素的花瓣由于细胞液泡内不同的酸碱度显红、蓝、紫等色。两种色素都不存在时，花瓣呈白色。由于植物具有自我调节能力，花瓣的颜色并不受到土壤酸碱度的直接影响，而是要经历一些更加复杂的化学过程。比如绣球花的呈色色素是一种葡萄糖苷。如果想要绣球花的颜色更蓝，可以适量加酸，使土壤中的铝离子和色素发生螯合作用，产生明亮的蓝色。

变色中的绣球，摄于美国康奈尔大学。

叶是植物重要的营养器官，进行光合作用，也负责与外界进行气体和水分交换。叶表面的叶脉是维管束，保证叶内的物质输导。叶由叶片、叶柄和托叶组成，分单叶和复叶。复叶是由多数小叶组成的叶序，是植物为了减弱单片叶子遭受风、雨、水等环境压力的一种适应策略。根据小叶在叶轴上排列方式和数目的不同，又有掌状复叶、三出复叶、羽状复叶等形式。而小叶的形状，又分为卵形、圆形、披针形、线形、三角形、戟形、箭形、心形、肾形、菱形、匙形、镰形、偏斜形等。

下图举例列出了一些不同种类的叶序和叶形：雪滴花叶条形，基生；旱

叶序和叶形举例[5]

金莲（*Tropaeolum majus*）叶片圆形，单叶对生；银杏（*Ginkgo biloba*）叶片扇形，在长枝上螺旋状排列，在短枝上簇生，叶脉叉状并列；连香树叶片心形，叶脉掌状；银叶桉（*Eucalyptus cinerea*）幼叶与成熟叶异型，幼叶阔卵形，对生，老叶披针形，互生；鹿角蕨（*Platycerium wallichii*）叶片 3~5 次叉状分裂，形如鹿角；荆条（*Vitex negundo* var. *heterophylla*）掌状复叶对生，小叶片边缘有缺刻状锯齿；七叶一枝花的 5 至 11 枚叶片在茎顶轮生；

鹅掌柴（*Schefflera heptaphylla*）的掌状复叶由数枚圆润的卵形小叶组成；合欢为二回羽状复叶互生，而羽片上的长圆形小叶则是对生；北美金缕梅（*Hamamelis virginiana*）单叶互生，叶片为偏斜的阔卵形，两侧不对称，边缘有波状的齿裂；唐松草（*Thalictrum aquilegiifolium* var. *sibiricum*）为三至四回三出复叶，倒卵形小叶先端浅 3 裂；枳为指状三出复叶，叶柄有狭长翼叶；鸡爪槭（*Acer palmatum*）单叶对生，叶片掌状分裂；欧洲红豆杉（*Taxus baccata*）的条形叶片在枝条上螺旋状着生；榆树（*Ulmus pumila*）为单叶互生，小叶边缘有锯齿。

有时候叶子也具有欺骗性。有一种植物叫叶上花，看上去好像是花长在叶子上。其实这“叶子”不是真正的叶子而是特化的茎，真正的叶子退化成了鳞片状。马占相思只有在幼苗期具有真正的羽状叶，长大后羽状叶退化，叶柄则变形为叶子形状的假叶。

马占相思（*Acacia mangium*），摄于深圳（左图）。
叶上花（*Ruscus hypoglossum*），摄于美国纽约布鲁克林植物园（右图）。

果实是被子植物经过传粉受精，由子房或花的其他部分（如花托、萼片等）参与发育而成的器官，一般包括果皮和种子两部分，其中种子才是起繁殖和传播作用的。我们吃各种水果、干果、蔬菜的时候，不妨都观察、思考一下食用的是植物的哪一部位。蔷薇科的桃、李、杏、樱桃是核果，苹果、梨和海棠果是梨果，它们的可食部分是外果皮（外皮）和中果皮（果肉），包裹着果仁的部分是内果皮；柑橘类水果的“果肉”其实是分瓣的内果皮上的表皮毛；草莓香甜可口的部分是膨大的花托；花生的壳是果皮，那层红色的薄皮是种皮，我们吃的是它种子的两片子叶；玉米的可食用部分是种皮包裹的胚和胚乳……

繁衍和传播：让爱情的果实传遍五湖四海

植物没有腿，却通过传播种子走向五湖四海。观察植物不仅是为了认出它们，也为了了解它们独特的生存之道，观察它们如何在春天苏醒过来，在冬天死去，如何寻找“另一半”，结出爱情的果实。学习植物最令人兴奋的一点，就是关于植物的真相常常颠覆常识，让我们对大自然的运作方式有一些新的理解。

植物有雌雄之别。有的植物具有两性花，同一朵花里就有雄蕊和雌蕊。这些植物中，很多都会采取一些策略来避免自交，比如雌雄蕊不同时成熟。有的植物的花为单性花，但雌雄同株，也就是说一个植株上同时有雄花和雌花。玉米雌雄同株，顶部的穗是圆锥状的雄花序，开花后散落花粉，落在下方的雌花序上，结出一粒粒玉米来。玉米的雌花具有纤细修长的花柱，正是我们食用时要从玉米粒之间拔掉的恼人的玉米须。有的植物雌雄异株，雌花和雄花长在不同的植株上。雌雄同株和雌雄异株的植物都需要一些媒介帮助传粉，常见的媒介有风媒和虫媒。

有的植物会长出显眼的不育花来吸引昆虫传粉，而用不起眼的可育花来孕育果实，和前面提到的用花萼吸引昆虫的策略有些相似。荚蒾属的植物蝴蝶戏珠花[6]，花序外围白色大朵的是不育花，里面不起眼的小花才是可育花。前面我们讲到了头状花序。有的头状花序中，边缘的舌状花是不能结实的不育花，中间的管状花是可育花。向日葵花盘上的每颗瓜子都曾是一小朵可育花，而周围的黄色不育花则不会结果。蒲公英头状花序中所有小花都是可育花，都能结出很多小降落伞。

除了不育花，还有一种吸引昆虫的方法叫作“拟态”。南非有一种黑斑菊（*Gorteria diffusa*），会在自己的花瓣上长出几个丑陋的黑斑。人们发现，这些黑斑长得很像母苍蝇，可以吸引公苍蝇来传粉。兰科更是个拟态大观园。有的植物很过分，不仅吸引昆虫，还开起了黑店，让虫子有去无回。有些植物生着特殊的花冠，可以像卡子一样把昆虫脚上的花粉捋下来。但是脚大的昆虫脚就会很不幸地卡住动弹不得。如果仔细观察马利筋或萝藦的花，经常可以看到卡在陷阱中死去的小虫[7]。

除了“婚配”，“生子”也是门学问。落花生（*Arachis hypogaea*）在地面开花，但是要把授粉后的子房伸到土壤里才能长出花生来。如果将花生的子房暴露在光照之下，它们反倒不会发育了。带冠毛的蒲公英种子乘风飞到远远的地方也是一种繁殖策略。酢浆草（*Oxalis corniculata*）生着像三叶草的叶子和黄色的五瓣小花。小的时候我就知道，在它的果实熟透以后，如果用手轻轻触摸，果荚会“噗”的一声爆裂，反卷回来，将种子远远弹射出去。

与动物不同，植物个体的增加并不一定需要两性。植物营养器官（根、茎、叶）的一部分，可以通过营养生殖来发育成一个新的个体，并且保持母体的优良性状，这是一种无性生殖。“无心插柳柳成荫”和“独木成林”都描述了植物的无性生殖方式。竹子主要靠无性生殖繁殖，大多数竹子种类都需要经历很多年甚至几十年才能达到性成熟，然后在开花后精疲力竭地死去。这也给竹子

酢浆草，摄于北京。

的准确分类带来了困难（因为前文提到的，花是植物分类的重要依据）。近来燕园的早园竹多有开花，根据崔海亭老师的说法，这与天气过于干旱有关。农业生产中的扦插、嫁接、压条、块茎繁殖都是无性生殖。我们现在食用的香蕉大部分都是由小果野蕉驯化而来的三倍体果实，无法结出种子，只能无性繁殖，因此它们都是同一个体的克隆，口味也比较统一、稳定。《醉酒的植物学家》一书中提到，苹果基因十分复杂，有性生殖的后代很难保持稳定性状，两个香甜的品种杂交也很可能会结出酸涩的后代。因此，现在世界上食用和酿酒用的苹果基本上都是无性繁殖的产物。

但是植物的有性生殖很重要。在有性生殖的过程中，物种会产生新的遗传特征，让后代具有足够的基因多样性去适应环境，以使整个物种更好地繁衍下去。如果没有有性生殖，植物个体还是可以增加，但是却无法在演化中前进了。

果壳网生物学领域达人张博然（Ent）有一篇文章《大地上最孤独的树》[8]，其中写到，经历了三次大灭绝和不计其数的冰河时代，曾经遍布世界的苏铁如今只剩下大约300个物种，其中有一种叫作伍德苏铁（*Encephalartos woodii*）。这种植物雌雄异株，却只有最后一棵雄树存活于世。人们在南非的丛林里寻找了很久，还是没能为它找到一棵雌树，只好无性繁殖了很多它的克隆体。此刻这个物种还不会灭绝，但是忽略突变带来的微小变化，这些克隆体的遗传特征都几乎完全一样。“它们将这样永远静止下去，直到最终消失——或者，直到找到一株雌树，绽开金黄色的美丽‘花朵’，结出饱满的种子，重新踏上演化的漫漫旅途。”

食用和酿酒：乘着食欲和味觉征服世界

在教认植物的时候，被问得最多的问题就是：“能吃吗？好吃吗？怎么吃？（简称‘能好怎’）”。在康奈尔大学的《城市伊甸园》植物课上，我们每周都学习近二十种园林植物，老师尼娜和彼得是一对伉俪。彼得总是眨着眼睛告诉我们哪种果实可以吃，而尼娜总在有学生问“这个萌萌的小果子能吃吗？”的时候表示无奈。在尼娜看来，植物如果可食用且可口，大多早已被培育为蔬菜水果，剩下的要么有毒，要么滋味不佳，也难以判断是否有农药和虫害。就算有例外，为什么我们要跟自然界中的虫儿鸟儿去争夺食物呢？

尽管如此，吃野果恐怕是根植于人类基因里的渴望吧。我曾在西藏偶然摘到鲜红的西藏草莓，那甜蜜的滋味永远留在了记忆里。在康奈尔校园里曾每天都去检查日本四照花（*Cornus kousa*）和欧洲山茱萸（*Cornus mas*）的果实是否成熟，最终还是被鸟儿们捷足先登，只侥幸吃到一个。闻讯而来的小伙伴则颗粒无收，说我骗她。一次在纽约中央公园看到山楂成熟了，便号召同行朋友一起吃。旁边肉墩墩的小松鼠也两爪捧着果子吃得香甜，以至于我们走近了都不逃开。

到了芒果成熟的季节，华南的城市里总是一地香甜无人问津。据广东同学说，他们从不吃行道树结的芒果。此外街上还有莲雾树、椰子树、榴莲树和菠萝蜜树。第一次见到树干上挂着沉甸甸的菠萝蜜时简直惊掉了下巴，后来才知道“老茎生花”在热带植物中是很常见的现象。

结果的日本四照花（左图）和欧洲山茱萸（右图），摄于康奈尔大学。

莲雾树（*Syzygium samarangense*），摄于北京大学深圳研究生院。

但写这些绝不是为了号召大家去吃野果。在缺少植物知识的情况下吃野果可能会误食中毒，造成严重的后果。汪劲武老师总是提起这几个例子：有人把有毒的莽草的果实当作调味料八角食用而丧命，有人把剧毒植物葫蔓藤当作金银花泡水饮用身亡，还有人把北乌头当作石花菜食用最终不治……既然我们没有“神农尝百草”的主角光环，对于野生植物和园林植物的可食性，还是“小心假设，不要求证”比较好。吃不到野果也没有什么好遗憾的。

即使是日常的蔬菜水果，仔细研究也有很多有趣的地方。人类驯化各种谷物、水果、蔬菜的历程伴随着整个文明的进程。有时候人们免不了要问，究竟是人类驯化了植物，还是植物驯化了人类，让他们通过农业，把自己的后代

腰果（*Anacardium occidentale*），摄于哈佛大学自然博物馆玻璃植物标本室（上图）。啤酒花（*Humulus lupulus*），摄于美国纽约布鲁克林植物园（下图）。

传播到天涯海角。除了使人饱腹，植物还带给人欢愉。世界各地的人用各种含糖分的植物酿造出了各种美酒，并用更多的植物为美酒赋予各式风味和香气，可以说酒的世界就是一个大植物园。墨西哥人用龙舌兰酿造普逵酒和特奎拉；中国人用高粱酿造茅台；日本人用籼稻酿造清酒；加勒比海地区的人用甘蔗酿造朗姆酒；葡萄给了我们葡萄酒和白兰地；啤酒花、大麦和黑麦给了我们啤酒和威士忌；玉米给了我们波本酒和伏特加。马铃薯、番薯、香蕉、木薯、腰果、海枣、菠萝蜜、南洋杉、仙人掌……你能想象到的含糖分的植物，都能经人们的妙手变出风味独特的酒饮。各式植物香料还被添加在酒的酿造中，或用以调制各式鸡尾酒。很难统计人们为了那一点可爱的醉意，到底使用了多少种植物。

知道一点关于植物的知识，对于生活很有帮助。随便举两个例子：吃西瓜可以沿维管束部位切开，方便去掉瓜子；剥石榴若在心皮的位置切开并轻轻敲打，就比较容易分离出种子。

数学、文学和艺术

爱因斯坦说：“仔细研究自然吧，然后你会更好地理解一切事物[9]。”植物在漫长的时间里为了更好地利用空间和资源，进化出了很多空间形式。这些空间形式不仅符合一些数学规律，看上去也很美。

我们在大多数植物中都可以观察到对称的现象，因为“批量生产”一个简单的形式可以节约能量。笛卡尔通过观察和研究，发现花瓣和叶的形状曲线满足一个方程式：“$x^3+y^3-3axy=0$”，赋以不同的 a 值可以得到长短不同的花瓣或叶片曲线。罗马花椰菜的花序是一种分形结构（一类按照不同比例换缩之后都一样的复杂几何体）：每一棵罗马花椰菜都由形状相同的小花椰菜组成，而这些小花椰菜又是由更小些的相同形状花椰菜组成的，如此往复无穷匮也。很多蕨类植物的嫩芽都呈斐波那契螺线状，向日葵的花盘里有两组向不同方向旋转的螺线，其数目也同样满足斐波那契数列。斐波那契数列和螺线越到后面就越接近黄金分割，这样布局可以更高效地利用空间。怪不得柏拉图要说："上帝是个几何学家。"在藤蔓植物的缠绕方向中还蕴含着地转偏向力的奥秘。由于地球自转导致的地转偏向力，北半球的藤蔓植物大多顺时针缠绕，而南半球则反之。

日光菊（*Heliopsis helianthoides*）中的斐波那契螺线，摄于中国科学院植物研究所植物园。

文学中的植物也非常多见。不了解植物的话，很难去体会作家和诗人想表达的境界。相反，如果能在脑海中召唤出所读到植物的形状、颜色、气味，乃至回忆起和自己人生经历有关的片段，那么读书便成了赏心悦目的浸入式体验。未曾见过枳全株的尖刺，怎能理解刘基"凤凰翔不下，梧桐化为枳"的伤怀？未曾见过木槿花零落一地的样子，又怎能理解黛玉在群芳宴上抽中的"芙蓉"签如何暗示了她"风露清愁"之命运？如果没有在萧瑟的早春等待过丁香的盛开，如何能体会艾略特那句“四月是最残忍的季节，从死去的土地中培育出丁香”？只有知道黄水仙绽放时的明媚，才理解华兹华斯在“孤独地漫游，像一朵云”时，怎样把开放的金色水仙想象成了在银河里闪闪发光的繁星……

在欧洲和日本的绘画和动画片中，也经常见到认真描摹的动植物物种，这与他们的敬业态度和博物学精神分不开。余天一曾经写了一篇文章来分析捷克动画片《鼹鼠的故事》，在其中发现了蒲公英、荠菜、雏菊、贯叶连翘、丝路蓟、勿忘草、驴蹄草、亚麻、虞美人、群心菜、碱菀、北车前、琉璃繁缕、圆叶风铃草、香猪殃殃等植物。有人曾与熟知植物的朋友一起看《千与千寻》，看到千寻一家穿过山洞后，那位朋友马上感叹：“波斯菊、踯躅花、山茶、瑞香和梅花，四季的花一齐开了，这不是人间，是神界吧”。动画制作者的用心，只有真正了解植物的人才能发现。在宫崎骏电影中这样的例子还不少。

学习植物六部曲

认植物可能有许多不同的角度，有的人关注分子和细胞，有的人从物种出发，有的人着眼进化，还有的人研究种群和生态。在我刚开始学习植物的时候，接触了几位方向完全不同的老师：研究植物分类学的汪劲武老师，研究土壤和生态学的李迪华老师，研究博物学的刘华杰老师，研究植被生态学的崔海亭老师，还有青海白马寺从事民间生态环境保护的僧人果洛周杰等。无论从其中哪个方向入手，都会发现一个可以探索、玩耍一辈子的大宝库。

认植物是循序渐进的过程。最开始我们都仅仅认识一些常见的植物。多翻阅图鉴，和更多的植物“打个照面儿”，可以对不同科属植物的形态特点有个模糊的概念。进一步学习植物分类知识和术语后，就可以自己尝试去分辨常见的植物是什么科属，再到《中国植物志》和植物图像库网站中去检索以确认。在学认植物的初期，能大致将所见植物定到科属已经足够。要辨认一些差别细微的物种，就需要更加专业的植物学知识了。

我根据自己的经验总结了学认植物的六部曲：

1. 多翻图鉴，学认身边常见物种。

2. 学习和理解形态方面的术语，尝试用术语描述植物的形态特征。

3. 走到自然中去观察、记录、解剖、制作标本，用绘画的方法来加深印象。

4. 总结各个科的特点，以便对不认识的植物初步分类。

5. 学习查阅植物志和使用检索表，对不认识的植物进一步分类。

6. 用电子文档或卡片来建立自己所认识植物的数据库。

对我自己来说，从文献和书籍中读到的二手资料，无论如何都不如走到自然界中去，获取自己的一手自然观察来得靠谱和有趣。此外，作为一个景观设计师，我还要去了解植物的习性，以便设计出强健、美丽、独特的植物群落，让一年四季都有鸟语花香，乃至去帮助解决一些环境污染和生态破坏的问题。

学习、观察和积累是漫长的过程，但是却能给人带来持久纯净的快乐。因为喜爱植物，我认识了许多喜欢拍摄植物、画植物、认植物的朋友，还遇到很多趣事和巧合。有几次见到不认识的植物，问号在心头盘桓不去，隔几天就在关注的植物爱好者的微博中看到了这种植物的科普。还有一次，刚刚拍到了一种植物，就收到了朋友寄来的明信片，上面正是它——花格贝母——的科学绘画。我将这些巧合归因为“念念不忘，必有回响”。真正喜欢一个事物，就像加快化学反应一样去增加接触，提高热度，长此以往总会有很多收获的。

[1] Anderson, J. G, 2013. pp.74.

[2] 图片拍摄地点：1. 年保玉则，2. 奥林匹克国家公园，3~4. 年保玉则，5~7. 康奈尔大学，8. 年保玉则，9. 云南昆明，10. 西雅图，11. 西双版纳植物园，12. 洛杉矶，13. 纽约植物园，14. 年保玉则，15. 北京，16. 纽黑文。

[3] 见第五章“四块瓦”条。

[4] 图片拍摄地点：1. 北京大学，2. 深圳，3. 年保玉则，4. 北京科学院植物研究所植物园，5. 海南，6. 康奈尔大学，7. 北京房山，8. 西藏林芝，9. 北京，10. 洛杉矶，11. 年保玉则，12. 洛杉矶，13. 年保玉则，14. 西藏罗布林卡，15. 费城，16. 华南植物园。

[5] 分别摄于康奈尔大学，布鲁克林植物园，北京科学院植物研究所植物园，纽黑文，布鲁克林植物园，华南植物园，北京房山，罗斯湖州立公园，深圳，北京科学院植物研究所植物园，北京房山，同上，北京科学院植物研究所植物园，费城，纽黑文，布鲁克林植物园。

[6] 见第四章“蝴蝶戏珠花”条。

[7] 马利筋见第五章“莲生贵子”条，萝藦见第二章“千层须”条。

[8] 见 https://www.douban.com/note/575236525/

[9] “Look deep into nature and then you will understand everything better”. (Albert Einstein)

参考文献

Anderson, J.G., 2013. Deep things out of darkness: a history of natural history. Univ of California Press.

Angelo, R., 1983. Thoreau as botanist. Arnoldia. v.45 (1985), pp.12.

Blick, F., 2017. Flashing Flowers and Wordsworth's" Daffodils". Wordsworth Circle, 48(2), p.110.

Buchmann, S., 2016. The Reason for Flowers: Their History, Culture, Biology, and How They Change Our Lives. Simon and Schuster.

Butcher, S.H. and Lang, A., 1890. The Odyssey of Homer done into English prose. Macmillan.

Carl, J., Schwarzer, M., Klingelhoefer, D., Ohlendorf, D. and Groneberg, D.A., 2014. Curare-a curative poison: a scientometric analysis. PLoS One, 9(11), p.e112026.

Channing, W.E. and Sanborn, F.B., 1902. Thoreau, the Poet-naturalist: With Memorial Verses. Charles E. Goodspeed.

Charles, D., 1859. On the Origin of Species by Means of Natural Selection. John Murray, London.

Claudianus, C., 1922. Claudian: With an English Translation by Maurice Platnauer. In 2 Volumes. W. Heinemann, GP Putnam's Sons.

Damrosch, L., 2007. Jean-Jacques Rousseau: Restless Genius. Houghton Mifflin Harcourt.

Darwin, E., 1798. The Botanic Garden: A Poem, in Two Parts. Part I. Containing the Economy of Vegetation. Part II. The Loves of the Plants.: With Philosophical Notes. T. & J. Swords, printers to the Faculty of Physic of Columbia College.

De Beer, G., 1954. Jean-Jacques Rousseau: Botanist. Taylor & Francis.

Delany, P., 1993. DH Lawrence and Deep Ecology. CEA Critic, 55(2), pp.27-41.

Dickinson, E, 1830-1886. Herbarium, circa 1839-1846. Houghton Lib, Harvard Univ.

Dickinson, E., 1999. The Poems of Emily Dickinson, Edited by RW Franklin. Harvard Univ. Press.

Fortune, R., 1853. Two Visits to the Tea Countries of China and the British Tea Plantations in the Himalaya (Vol. 2). John Murray.

George, S., 2017. Botany, Sexuality and Women's Writing 1760–1830: From Modest Shoot to Forward Plant.

Hales, S., 1727. Vegetable Staticks: or, an account of some statical experiments on the Sap in Vegetables... Also, a specimen of an attempt to analyse the Air. W. & J. Innys.

Hanson, T., 2015. The Triumph of Seeds: How Grains, Nuts, Kernels, Pulses, and Pips Conquered the Plant Kingdom and Shaped Human History. Basic Books.

Lawrence, D.H. , 1934. "Morality and the Novel." Phoenix. The Posthumous Papers of D.H. Lawrence. Ed. Edward D. McDonald. London: Heinemann, 527-532.

Lawrence. D.H., 1994. The Complete Poems of D. H. Lawrence. Wordsworth Editions Ltd.

Linné, C.V., 1735. Systema Naturae. Leiden: Haak.

Linné, C.V., 1811. Lachesis lapponica, or a tour in Lapland. White and Cochrane.

Macartney, G.M. and Staunton, G.L., 1797. An Authentic Account of an Embassy from the King of Great Britain to the Emperor of China (Vol. 1). Nicol.

Mahood, M.M., 2008. The Poet as Botanist. Cambridge, UK: Cambridge University Press.

Marcussen, T., Sandve, S.R., Heier, L., Spannagl, M., Pfeifer, M., Jakobsen, K.S., Wulff, B.B., Steuernagel, B., Mayer, K.F., Olsen, O.A. and International Wheat Genome Sequencing Consortium, 2014. Ancient Hybridizations among the Ancestral Genomes of Bread Wheat. science, 345(6194), p.1250092.

M'Mahon, B., 1806. The American Gardener's Calendar. B. Graves, No. 40, North Fourth Street.

Nelson, A.P., 1963. The Spelling and Derivation of the Generic Name Prunella L.(Labiatae). Bulletin of the Torrey Botanical Club, pp.29-32.

Plumptre, J., 1798. The Lakers: A Comic Opera, in Three Acts... W. Clarke, New Bond Street.

Ray, J., 1737. A Compleat Collection of English Proverbs, also the most Celebrated Proverbs of the Scotch, Italian, French, Spanish and other Languages. Hughs.

Rousseau, J.J., 1815. Letters on the Elements of Botany; Addressed to a Lady. White, Cochran, and Company, Longman, Hurst, Rees, Orme, and

Brown, B. Crosby and Company, and Gale, Curtis and Fenner.

Rousseau, J.J., 1992. The Reveries of the Solitary Walker, trans. Charles E. Butterworth (New York: Harper and Row, 1979).

Rowden, F.A., 1801. A Poetical Introduction to the Study of Botany.

Polwhele, R. and Radcliffe, M.A., 1974. The Unsex'd Females: A Poem. Dissertations-G.

Thoreau, H.D., 1842. Natural history of Massachusetts. Dial, 3(1), pp.19-40.

Thoreau, H.D. and Emerson, R.W., 1887. The succession of forest trees: and wild Apples (No. 27). Houghton, Mifflin.

Thoreau, H.D., 1854. Walden. 1993. New York: Random House.

Thoreau, H.D., 1982. Great Short Works of Henry David Thoreau. HarperCollins Publishers.

Thoreau, H.D., 1988. The Maine Woods. 1864. Henry David Thoreau (New York: Library of America, 1985).

Thoreau, H.D., 1993. Faith in a seed: The dispersion of seeds and other late natural history writings. Island Press.

Thornton, R.J., 1981. Temple of Flora. Weidenfeld & Nicolson.

Von Goethe, J.W., Miller G. L., 2009. The Metamorphosis of Plants. The MIT Press.

Wulf, A., 2015. The invention of nature: Alexander von Humboldt's new world. Knopf.

战国，佚名，2009. 山海经 . 中华书局 .

战国，韩非，1987. 韩非子 . 上海古籍出版社 .

东汉，许慎，1963. 说文解字 . 中华书局 .

晋，嵇含，1955. 南方草木状 . 商务印书馆 .

南北朝，贾思勰，1998. 齐民要术 . 农业出版社 .

南北朝，宗懔，1991. 荆楚岁时记 . 中华书局 .

宋，陈景沂，1982. 全芳备祖 . 农业出版社 .

宋，李昉，1961. 太平广记 . 中华书局 .

宋，李颀，1980. 古今诗话 . 宋诗话辑佚 . 中华书局 .

宋，陆佃，1936. 埤雅 . 丛书集成初编本 .

明，李时珍，1982. 本草纲目 . 人民卫生出版社 .

明，骊溪云间子，1990. 草木春秋 . 上海古籍出版社 .

明，屈大均，1985. 广东新语 . 中华书局 .

明，吴承恩，1980. 西游记 . 人民文学出版社 .

明，徐光启，1979. 农政全书校注 . 上海古籍出版社 .

明，朱棣，1956. 救荒本草 . 农政全书卷五十二 . 中华书局 .

清，曹雪芹，高鹗，1996. 红楼梦 . 人民文学出版社 .

清，车万育，2002, 声律启蒙 声律启蒙撮要 附: 声律发蒙、笠翁对韵、时古对类 . 岳麓书社 .

清，陈淏子，1962. 花镜 . 清康熙二十七年 .

清，虫天子，1992. 香艳丛书 . 人民文学出版社 .

清，李调元，1986. 南越笔记 . 商务印书馆 .

清，汪灏，1935. 广群芳谱 . 上海书店影印 .

清，吴其濬，1963. 植物名实图考 . 中华书局 .

清，赵学敏，1983. 本草纲目拾遗 . 人民卫生出版社 .

全唐诗，1960. 北京 : 中华书局 .

全宋诗，1960. 北京 : 中华书局 .

胡先骕，张绂，2010. 忏庵诗选注 . 四川大学出版社 .

陈鼓应，庄子，2016. 庄子今注今译 . 中华书局 .

高诱，1986. 吕氏春秋 . 上海书店 .

郭璞，尔雅，1985. 中华书局 .

张纯一，梁运华，2017. 晏子春秋校注 . 中华书局 .

周振甫，2002. 诗经译注 . 中华书局 .

艾米 · 斯图尔特，刘夙译，2017, 醉酒的植物学家，商务印书馆 .

高明乾，卢龙斗，2006. 植物古汉名图考 . 大象出版社 .

高明乾，卢龙斗，2013. 植物古汉名图考续编 . 科学出版社 .

刘夙，2013. 植物名字的故事 . 人民邮电出版社 .

潘富俊，2016, 草木缘情: 中国古典文学中的植物世界 . 商务印书馆 .

汪劲武，1983. 怎样识别植物 . 科学出版社 .

汪劲武，1985. 种子植物分类学 . 高等教育出版社 .

余光中，2002. 余光中谈翻译 . 中国对外翻译出版公司 .

祝尚书，2001. 漫话宋人药名诗 . 中国典籍与文化，(2), pp.122-127.

FRPS 中国在线植物志：http://frps.eflora.cn/

PPBC 中国植物图像库：http://ppbc.iplant.cn/

生物多样性遗产电子图书馆：https://www.biodiversitylibrary.org/

英国邱园官网：https://www.kew.org

Dave's Garden 园艺植物数据库：https://davesgarden.com/

生命百科全书：http://www.eol.org/

纽约植物园“诗意植物学”线上展览：https://www.nybg.org/poetic-botany/#start

诗歌基金会：https://www.poetryfoundation.org/

中国哲学书电子化计划：https://ctext.org/zhs

殆知阁藏书：http://www.daizhige.org/

植物名称索引

Aconitum pendulum | 一支箭（铁棒锤）| 毛茛科乌头属

Aconitum stapfianum | 黑心解（玉龙乌头）| 毛茛科乌头属

Acorus calamus | 凌水挡（菖蒲）| 菖蒲科菖蒲属

Actaea racemosa | 总状升麻 | 毛茛科类叶升麻属

Abrus precatorius | 相思子 | 豆科相思子属

Achnatherum splendens | 芨芨草 | 禾本科芨芨草属

Agrimonia pilosa | 石打穿（龙芽草）| 蔷薇科龙芽草属

Ainsliaea fragrans | 金茶匙（杏香兔儿风）| 菊科兔儿风属

Ajuga bracteosa | 九味一枝蒿（地胆草）| 唇形科筋骨草属

Akebia quinata | 木通 | 木通科木通属

Albizia julibrissin | 合欢 | 豆科合欢属

Alchemilla japonica | 羽衣草、斗篷草 | 蔷薇科羽衣草属

Alhagi sparsifolia | 骆驼刺 | 豆科骆驼刺属

Alisma canaliculatum | 窄叶泽泻 | 泽泻科泽泻属

Alniphyllum fortunei | 高山望、白苍木（赤杨叶）| 安息香科赤杨叶属

Alphitonia incana | 白石松（麦珠子）| 鼠李科麦珠子属

Alpinia japonica | 山姜 | 姜科山姜属

Alstonia yunnanensis | 永固生（鸡骨常山）| 夹竹桃科鸡骨常山属

Amesiodendron chinense | 坡露（细子龙）| 无患子科细子龙属

Amoora dasyclada | 粗枝崖摩 | 楝科崖摩属

Amygdalus communis | 八担杏（扁桃）| 蔷薇科桃属

Amygdalus persica | 桃 | 蔷薇科桃属

Amygdalus persica var.'Compressa' | 蟠桃 | 蔷薇科桃属

Anemone hupehensis | 盖头花（打破碗花花）| 毛茛科银莲花属

Anemone × *hybrida* 'September Charm' 九月魅力银莲花

Antiaris toxicaria | 见血封喉（箭毒木）| 桑科见血封喉属

Ardisia elliptica | 春不老（东方紫金牛）| 报春花科紫金牛属

Ardisia gigantifolia | 走马胎 | 报春花科紫金牛属

Arenaria serpyllifolia | 无心菜 | 石竹科无心菜属

Argyreia pierreana | 一匹绸（东京银背藤）| 旋花科银背藤属

Arisaema erubescens | 一把伞南星、打蛇棒、都士不礼 | 天南星科天南星属

Arisaema triphyllum | 三叶天南星 | 天南星科天南星属

Aristolochia tuberosa | 避蛇生 | 马兜铃科马兜铃属

Aristolochia yunnanensis | 追风散（云南马兜铃）| 马兜铃科马兜铃属

Armeniaca mume | 梅 | 蔷薇科杏属

Armeniaca mume var. *mume* f. *viridicalyx* | 绿萼梅 | 蔷薇科杏属

Armeniaca vulgaris | 杏 | 蔷薇科杏属

Artabotrys hexapetalus | 鹰爪花 | 番荔枝科鹰爪花属

Artemisia capillaris | 茵陈蒿（绒蒿）| 菊科蒿属

Artemisia keiskeana | 覆闾（菴闾）| 菊科蒿属

Artemisia princeps | 端午艾（魁蒿）| 菊科蒿属

Artemisia verlotorum | 刘寄奴 | 菊科蒿属

Atractylodes macrocephala | 山芬（白朮）| 菊科苍术属

Asclepias curassavica | 莲生贵子（马利筋）| 夹竹桃科马利筋属

Aspidistra elatior | 蜘蛛抱蛋 | 天门冬科蜘蛛抱蛋属

Aster tataricus | 还魂草（紫菀）| 菊科紫菀属

Balanophora laxiflora | 通天蜡烛（疏花蛇菰）| 蛇菰科蛇菰属

Begonia fimbristipula | 天青地红（紫背天葵）| 秋海棠科秋海棠属

Betula delavayi | 高山桦 | 桦木科桦木属

Betula platyphylla | 白桦 | 桦木科桦木属

Berchemia floribunda | 黄鳝藤（多花勾儿茶）| 鼠李科勾儿茶属

Beaumontia grandiflora | 清明花 | 夹竹桃科清明花属

Biophytum sensitivum | 感应草、羞礼 | 酢浆草科感应草属

Blumea megacephala | 东风草 | 菊科艾纳香属

Brassica rapa | 蔓菁（芜青）| 十字花科芸薹属

Bretschneidera sinensis | 伯乐树 | 叠珠树科伯乐树属

Breynia fruticosa | 黑面神 | 大戟科黑面神属

Bryophyllum pinnatum | 落地生根 | 景天科落地生根属

Buddleja davidii | 绛花醉鱼草（大叶醉鱼草）| 玄参科醉鱼草属

Bupleurum yunnanense | 飘带草（云南柴胡）| 伞形科柴胡属

Burmannia wallichii | 亭立 | 水玉簪科水玉簪属

Caesalpinia decapetala | 云实 | 豆科云实属

Calypso bulbosa | 布袋兰 | 兰科布袋兰属

Camellia japonica | 山茶 | 山茶科山茶属
Campsis grandiflora | 凌霄 | 紫葳科凌霄属
Campsis radicans | 厚萼凌霄 | 紫葳科凌霄属
Capparis acutifolia | 独行千里（锐叶山柑） | 山柑科山柑属
Capsicum annuum | 辣椒 | 茄科辣椒属
Caragana jubata | 鬼箭锦鸡儿 | 豆科锦鸡儿属
Cardiospermum halicacabum | 包袱草（倒地铃） | 无患子科倒地铃属
Castanea mollissima | 栗 | 壳斗科栗属
Catalpa bungei | 楸、榎 | 紫葳科梓属
Celosia cristata | 百日红（青葙） | 苋科青葙属
Centaurea cyanus | 矢车菊 | 菊科矢车菊属
Ceriops tagal | 海淀子（角果木） | 红树科角果木属
Cercidiphyllum japonicum | 连香树 | 连香树科连香树属
Chenopodium album | 藜 | 苋科藜属
Chimaphila maculata | 喜冬 | 杜鹃花科喜冬草属
Chionodoxa forbesii | 雪光 | 天门冬科雪百合属
Chloranthus henryi | 四块瓦、四大金刚（宽叶金粟兰） | 金粟兰科金粟兰属
Circaea cordata | 露珠草 | 柳叶菜科露珠草属
Cirsium leducii | 覆瓦蓟 | 菊科蓟属
Cissus hexangularis | 拦河藤（翅茎白粉藤） | 葡萄科白粉藤属
Citrullus lanatus | 西瓜 | 葫芦科西瓜属
Citrus limon | 柠檬 | 芸香科柑橘属
Citrus × *limon* 'Meyeri' 中国柠檬
Citrus reticulata | 橘（柑橘） | 芸香科柑橘属
Citrus sinensis | 橙（甜橙） | 芸香科柑橘属
Citrus trifoliata | 枳 | 芸香科柑橘属
Clerodendrum mandarinorum | 海通 | 唇形科大青属
Clerodendrum thomsonae | 龙吐珠 | 唇形科大青属
Clivia miniata | 君子兰 | 石蒜科君子兰属
Commelina diffusa | 碧蝉、翠蛾眉（竹节菜） | 鸭跖草科鸭跖草属
Codariocalyx motorius | 舞草 | 豆科舞草属
Cotoneaster horizontalis | 山头姑娘（平枝栒子） | 蔷薇科栒子属
Corylus colurna | 土耳其榛 | 桦木科榛属
Corylus heterophylla | 榛 | 桦木科榛属
Crataegus pinnatifida | 山楂 | 蔷薇科山楂属
Crepis tectorum | 屋根草 | 菊科还阳参属
Crotalaria juncea | 自消容（菽麻） | 豆科猪屎豆属
Cryptocoryne crispatula var. *yunnanensis* | 八仙过海（云南思茅） | 天南星科隐棒花属
Cryptolepis buchananii | 白马连鞍（古钩藤） | 夹竹桃科隐鳞藤属
Cupressus duclouxiana | 冲天柏（干香柏） | 柏科柏木属
Cupressus funebris | 柏木 | 柏科柏木属
Cuscuta chinensis | 菟丝子 | 旋花科菟丝子属
Cuscuta japonica | 无量藤（金灯藤） | 旋花科菟丝子属
Cyclobalanopsis multinervis | 多脉青冈 | 壳斗科青冈属
Cymbidium sinense | 报岁兰（墨兰） | 兰科兰属
Cynanchum bungei | 白首乌 | 夹竹桃科鹅绒藤属
Cynanchum paniculatum | 逍遥竹、徐长卿 | 夹竹桃科鹅绒藤属
Cynanchum versicolor | 半蔓白薇（变色白前） | 夹竹桃科鹅绒藤属
Cynanchum wilfordii | 隔山消 | 夹竹桃科鹅绒藤属
Cyperus glomeratus | 状元花（头状穗莎草） | 莎草科莎草属
Cyrtomium uniseriale | 单行贯众 | 鳞毛蕨科贯众属
Daphne odora | 蓬莱花（瑞香） | 瑞香科瑞香属
Delphinium elatum | 高翠雀花 | 毛茛科翠雀属
Desmos dumosus | 火神（毛叶假鹰爪） | 番荔枝科假鹰爪属
Dioscorea esculenta | 甘薯 | 薯蓣科薯蓣属
Diospyros kaki | 柿 | 柿科柿属
Diphylleia sinensis | 江边一碗水（南方山荷叶） | 小檗科山荷叶属
Disporum sessile | 宝铎草 | 秋水仙科万寿竹属
Dobinea delavayi | 九子不离母（羊角天麻） | 漆树科九子母属
Drosera peltata var. *glabrata* | 落地珍珠、一粒金丹（光萼茅膏菜） | 茅膏菜科茅膏菜属
Edgeworthia chrysantha | 梦花（结香） | 瑞香科结香属
Elaeis guineensis | 油棕 | 棕榈科油棕属
Elatostema involucratum | 上天梯（楼梯草） | 荨麻科楼梯草属
Elsholtzia fruticosa | 山野坝子（鸡骨柴） | 唇形科香薷属
Enkianthus quinqueflorus | 吊钟花 | 杜鹃花科吊钟花属
Erigeron aurantiacus | 橙花飞蓬 | 菊科飞蓬属
Erioglossum rubiginosum | 灵树（赤才） | 无患子科赤才属
Erodium stephanianum | 太阳花（牻牛儿苗） | 牻牛儿苗科牻牛儿苗属
Euonymus fortunei | 扶芳藤 | 卫矛科卫矛属
Euonymus alatus | 卫矛 | 卫矛科卫矛属
Euphorbia humifusa 地锦
Ficus religiosa | 思维树（菩提树） | 桑科榕属

Fagopyrum esculentum | 荞麦 | 蓼科荞麦属

Fragaria nubicola | 西藏草莓 | 蔷薇科草莓属

Fraxinus bungeana | 小叶梣 | 木樨科梣属

Fritillaria imperialis | 皇冠贝母 | 百合科贝母属

Fritillaria meleagris | 花格贝母 | 百合科贝母属

Fritillaria unibracteata | 暗紫贝母 | 百合科贝母属

Gagea nakaiana | 顶冰花 | 百合科顶冰花属

Galanthus nivalis | 雪滴花 | 石蒜科雪滴花属

Galinsoga parviflora | 向阳（牛膝菊） | 菊科牛膝菊属

Gastrodia confusa | 八代赤剑（八代天麻） | 兰科天麻属

Geum aleppicum | 路边青（水杨梅） | 蔷薇科路边青属

Glochidion puberum | 狮子滚球、百家桔（算盘子） | 叶下珠科算盘子属

Goldfussia seguini | 独山金足草 | 爵床科金足草属

Gonocarpus micranthus | 下风草（小二仙草） | 小二仙草科小二仙草属

Goodyera seikoomontana | 歌绿怀兰（歌绿斑叶兰） | 兰科斑叶兰属

Gypsophila davurica | 草原霞草（草原石头花） | 石竹科石头花属

Gypsophila desertorum | 荒漠石头花 | 石竹科石头花属

Halesia tetraptera | 四翅银钟花 | 安息香科银钟花属

Helicia obovatifolia | 红心割（倒卵叶山龙眼） | 山龙眼科山龙眼属

Haloxylon ammodendron | 梭梭柴 | 苋科梭梭属

Helleborus orientalis | 九朵云（东方铁筷子） | 毛茛科铁筷子属

Hemiboea bicornuta | 玲珑草（台湾半蒴苣苔） | 苦苣苔科半蒴苣苔属

Hemsleya chinensis | 雪胆 | 葫芦科雪胆属

Heracleum millefolium | 裂叶独活 | 伞形科独活属

Hippeastrum rutilum | 朱顶红 | 石蒜科朱顶红属

Hiptage benghalensis | 风筝果 | 金虎尾科飞鸢果属

Hopea hongayensis | 河内坡垒 | 龙脑香科坡垒属

Horsfieldia glabra | 霍而飞、风吹楠 | 肉豆蔻科风吹楠属

Hoya multiflora | 蜂出巢 | 夹竹桃科球兰属

Hylotelephium verticillatum | 一代宗（轮叶八宝） | 景天科八宝属

Hypericum ascyron | 对月草（黄海棠） | 金丝桃科金丝桃属

Hypericum wightianum | 遍地金 | 金丝桃科金丝桃属

Iberis amara | 屈曲花 | 十字花科屈曲花属

Ilex chinensis | 冬青 | 冬青科冬青属

Ilex serrata | 落霜红（硬毛冬青） | 冬青科冬青属

Ilex verticillata | 轮生冬青 | 冬青科冬青属

Indigofera tinctoria | 靛（木蓝） | 豆科木蓝属

Inula japonica | 旋覆花 | 菊科旋覆花属

Indigofera litoralis | 滨海木蓝（滨木蓝） | 豆科木蓝属

Ipomoea alba | 嫦娥奔月（月光花） | 旋花科虎掌藤属

Ipomoea purpurea | 勤娘子（圆叶牵牛） | 旋花科虎掌藤属

Iris anguifuga | 夏无踪（单苞鸢尾） | 鸢尾科鸢尾属

Iris tectorum | 乌鸢（鸢尾） | 鸢尾科鸢尾属

Isodon amethystoides | 香茶菜 | 唇形科香茶菜属

Isodon serra | 溪沟草（溪黄草） | 唇形科香茶菜属

Jasminum elongatum | 扭肚藤 | 木樨科素馨属

Jasminum floridum | 迎夏（探春花） | 木樨科素馨属

Jasminum officinale | 素方花（素馨） | 木樨科素馨属

Juncus chrysocarpus | 丝节灯芯草 | 灯心草科灯心草属

Keiskea sinensis | 霜柱（中华香简草） | 唇形科香简草属

Kniphofia uvaria | 火炬花 | 阿福花科火把莲属

Koelreuteria paniculata | 栾 | 无患子科栾属

Lactuca tataricum | 苦菜（乳苣） | 菊科莴苣属

Lamprocapnos spectabilis | 荷包牡丹 | 罂粟科荷包牡丹属

Lecanorchis japonica | 盂兰 | 兰科盂兰属

Leontopodium conglobatum | 团球火绒草 | 菊科火绒草属

Libanotis buchtormensis | 岩风（长虫七） | 伞形科岩风属

Linaria vulgaris | 欧洲柳穿鱼 | 车前科柳穿鱼属

Linnaea borealis | 林奈花（北极花） | 忍冬科北极花属

Lobelia melliana | 韶关大将军（线萼山梗菜） | 桔梗科半边莲属

Lonicera sempervirens | 贯月忍冬（穿叶忍冬） | 忍冬科忍冬属

Lotus corniculatus | 百脉根（牛角花） | 豆科百脉根属

Lychnis fulgens | 剪秋罗 | 石竹科剪秋罗属

Lycoris aurea | 忽地笑 | 石蒜科石蒜属

Lycoris radiata | 彼岸花（石蒜） | 石蒜科石蒜属

Lysimachia punctata | 斑点过路黄 | 报春花科珍珠菜属

Lysimachia foenum-graecum | 香草（灵香草） | 报春花科珍珠菜属

Maclura pomifera | 橙桑 | 桑科橙桑属

Mahonia aquifolium | 冬青叶十大功劳 | 小檗科十大功劳属

Mahonia japonica | 台湾十大功劳 | 小檗科十大功劳属

Malus asiatica | 沙果 | 蔷薇科苹果属

Malus honanensis | 山里锦（河南海棠） | 蔷薇科苹果属

Malus ombrophila | 沧江海棠 | 蔷薇科苹果属

Mangifera indica | 蜜望（杧果）| 漆树科杧果属

Mazus japonicus | 通泉草 | 通泉草科通泉草属

Melia azedarach | 苦楝 | 楝科楝属

Mesembryanthemum crystallinum | 冰花（冰叶日中花）| 番杏科日中花属

Mesona chinensis | 仙草（凉粉草）| 唇形科凉粉草属

Metaplexis japonica | 千层须、洋飘飘（萝藦）| 夹竹桃科萝藦属

Micromeria biflora | 灵芝草（姜味草）| 唇形科姜味草属

Mimosa pudica | 含羞草 | 豆科含羞草属

Mimosa pudica var. *hispida* | 多毛含羞草 | 豆科含羞草属

Miscanthus sinensis | 芒 | 禾本科芒属

Monochoria korsakowii | 雨久花 | 雨久花科雨久花属

Monotropa uniflora | 水晶兰 | 杜鹃花科水晶兰属

Musa acuminate Colla (AAA) | 香蕉 | 芭蕉科芭蕉属

Mussaenda pubescens | 玉叶金花 | 茜草科玉叶金花属

Myosotis sylvatica | 勿忘草 | 紫草科勿忘草属

Narcissus tazetta | 金盏银台（水仙）| 石蒜科水仙属

Nicotiana langsdorffii | 兰氏烟草 | 茄科烟草属

Nyssa sylvatica | 多花蓝果树 | 山茱萸科蓝果树属

Orchis chingshuishania | 清水山兰（清水红门兰）| 兰科红门兰属

Oresitrophe rupifraga | 爬山虎（独根草）| 虎耳草科独根草属

Orostachys cartilaginea | 千滴落（狼爪瓦松）| 景天科瓦松属

Oroxylum indicum | 千张纸、破故纸（木蝴蝶）| 紫葳科木蝴蝶属

Orychophragmus violaceus | 诸葛菜（二月蓝）| 十字花科诸葛菜属

Osbeckia chinensis | 菀不留（金锦香）| 野牡丹科金锦香属

Osmanthus heterophyllus | 柊树 | 木樨科木樨属

Panicum amoenum | 可爱黍 | 禾本科黍属

Papaver rhoeas | 虞美人、百般娇 | 罂粟科罂粟属

Parasenecio ambiguus | 登云鞋（两似蟹甲草）| 菊科蟹甲草属

Paris polyphylla | 七叶一枝花 | 藜芦科重楼属

Paris quadrifolia | 黄昏（四叶重楼）| 藜芦科重楼属

Paris verticillata | 北重楼 | 藜芦科重楼属

Parsonsia laevigata | 同心结 | 夹竹桃科同心结属

Parthenocissus tricuspidata | 地锦（常春藤）| 葡萄科地锦属

Parmentiera cerifera | 蜡烛树 | 紫葳科蜡烛树属

Patrinia heterophylla | 墓头回 | 忍冬科败酱属

Peltigera polydactyla | 石上青苔（多指地卷）| 地卷科地卷属

Pentapetes phoenicea | 子午花 | 锦葵科午时花属

Petasites japonicus | 八角亭、水流钟头（蜂斗菜）| 菊科蜂斗菜属

Phlomis umbrosa | 续断（糙苏）| 唇形科橙花糙苏属

Phrynium capitatum | 柊叶 | 竹芋科柊叶属

Physochlaina infundibularis | 二月旺（漏斗泡囊草）| 茄科泡囊草属

Phytolacca acinosa | 倒水莲（商陆）| 商陆科商陆属

Phytolacca mericana | 垂序商陆 | 商陆科商陆属

Pilea basicordata | 登赫赫（基心叶冷水花）| 荨麻科冷水花属

Pilea notata | 冷水花 | 荨麻科冷水花属

Pilea plataniflora | 六月冷（石筋草）| 荨麻科冷水花属

Pinellia ternata | 半夏 | 天南星科半夏属

Pinus tabuliformis | 油松 | 松科松属

Piper arboricola | 小叶爬崖香 | 胡椒科胡椒属

Plantago asiatica | 车前 | 车前科车前属

Platanus occidentalis | 一球悬铃木（美洲梧桐）| 悬铃木科悬铃木属

Platanus orientalis | 三球悬铃木、净土树（法国梧桐）| 悬铃木科悬铃木属

Platanus × *acerifolia* | 二球悬铃木（英国梧桐）| 悬铃木科悬铃木属

Plumbago indica | 谢三娘（紫花丹）| 白花丹科白花丹属

Polianthes tuberosa | 晚香玉 | 石蒜科晚香玉属

Polygala tenuifolia | 远志 | 远志科远志属

Polygonum persicaria | 春蓼 | 蓼科萹蓄属

Polygonum perfoliatum | 扛板归 | 蓼科萹蓄属

Potentilla fulgens | 管仲（西南委陵菜）| 蔷薇科委陵菜属

Primula calliantha | 楼台花（美花报春）| 报春花科报春花属

Primula oreodoxa | 迎阳报春 | 报春花科报春花属

Pronephrium insularis | 岛生新月蕨（变叶新月蕨）| 金星蕨科新月蕨属

Prunella vulgaris | 夏枯草 | 唇形科夏枯草属

Prunus salicina | 李 | 蔷薇科李属

Pseudosasa aeria | 空心苦 | 禾本科矢竹属

Pseudotsuga menziesii | 花旗松 | 松科黄杉属

Pulsatilla chinensis | 白头翁 | 毛茛科白头翁属

Pyrus calleryana | 豆梨 | 蔷薇科梨属

Quamoclit pennata | 茑萝 | 旋花科茑萝属

Quisqualis indica | 使君子 | 使君子科使君子属

Reevesia pubescens | 梭罗（树）| 梧桐科梭罗树属

Rhododendron ellipticum ｜西施花｜杜鹃花科杜鹃属

Rhododendron micranthum ｜照山白｜杜鹃花科杜鹃花属

Rhododendron pachypodum ｜云上杜鹃｜杜鹃花科杜鹃花属

Rhododendron simsii 'Sihaibo' ｜四海波｜杜鹃花科杜鹃花属

Ravenala madagascariensis ｜旅人蕉｜芭蕉科旅人蕉属

Rhamnus davurica ｜鼠李｜鼠李科鼠李属

Rohdea japonica ｜万年青｜百合科万年青属

Rosa calyptopoda ｜美人脱衣（短脚蔷薇）｜蔷薇科蔷薇属

Rosa odorata ｜荼蘼、沉香蜜友（香水月季）｜蔷薇科蔷薇属

Rubus buergeri ｜水漂沙（寒莓）｜蔷薇科悬钩子属

Sanguisorba diandra ｜疏花地榆｜蔷薇科地榆属

Sagina japonica ｜星宿草（漆姑草）｜石竹科漆姑草属

Salix wilsonii ｜紫柳｜杨柳科柳属

Sapindus saponaria ｜无患子｜无患子科无患子属

Saussurea romuleifolia ｜雨过天晴（鸢尾叶风毛菊）｜菊科风毛菊属

Sedum filipes ｜小山飘风（豆瓣还阳）｜景天科景天属

Sedum glaebosum ｜道孚景天｜景天科景天属

Senecio scandens ｜千里光｜菊科千里光属

Senna bicapsularis ｜双荚决明｜豆科决明属

Senna didymobotrya ｜长穗决明｜豆科决明属

Setaria italica ｜粟（小米）｜禾本科狗尾草属

Silene aprica ｜王不留行（女娄菜）｜石竹科蝇子草属

Silene pendula ｜矮雪轮｜石竹科蝇子草属

Silene vulgaris ｜白玉草（狗筋麦瓶草）｜石竹科蝇子草属

Solanum melongena ｜落苏（茄）｜茄科茄属

Solanum cathayanum ｜千年不烂心（毛母猪藤）｜茄科茄属

Solanum nigrum ｜飞天龙（龙葵）｜茄科茄属

Solanum wendlandii ｜天堂花｜茄科茄属

Solidago caesia ｜蓝茎一枝黄花｜菊科一枝黄花属

Sphaeranthus africanus ｜戴星草｜菊科戴星草属

Stachys geobombycis ｜冬虫夏草（地蚕）｜唇形科水苏属

Stauntonia yaoshanensis ｜瑶山七姐妹（瑶山野木瓜）｜木通科野木瓜属

Stellera chamaejasme ｜狼毒｜瑞香科狼毒属

Stephania dielsiana ｜金不换（血散薯）｜防己科千金藤属

Sterculia monosperma ｜苹婆｜锦葵科苹婆属

Strelitzia reginae ｜鹤望兰｜鹤望兰科鹤望兰属

Strychnos nux-vomica ｜马钱子｜马钱科马钱属

Styphnolobium japonicum ｜槐｜槐科槐属

Styrax limprichtii ｜楚雄安息香（楚雄野茉莉）｜安息香科安息香属

Swertia bimaculata ｜蓑衣草（獐牙菜）｜龙胆科獐芽菜属

Taxodium distichum ｜落羽杉｜柏科落羽杉属

Tilia cordata ｜心叶椴｜锦葵科椴属

Tamarindus indica ｜酸豆｜豆科酸豆属

Tamarix chinensis ｜赤杨、西湖杨（柽柳）｜柽柳科柽柳属

Tetrastigma hypoglaucum ｜五虎下西山（叉须崖爬藤）｜葡萄科崖爬藤属

Toona sinensis ｜椿｜楝科香椿属

Trachelium caeruleum ｜夕雾（疗喉草）｜桔梗科疗喉草属

Trillium tschonoskii ｜头顶一颗珠、延龄草｜藜芦科延龄草属

Tripterygium wilfordii ｜雷公（藤）｜卫矛科雷公藤属

Triticum aestivum ｜小麦｜禾本科小麦属

Veronicastrum axillare ｜钓鱼竿（爬岩红）｜车前科草灵仙属

Viburnum opulus ｜欧洲荚蒾｜五福花科荚蒾属

Viburnum plicatum var. *tomentosum* ｜蝴蝶戏珠花｜五福花科荚蒾属

Weigela japonica var. *sinica* ｜半边月（木绣球）｜忍冬科锦带花属

Wisteria sinensis ｜紫藤｜豆科紫藤属

Xanthoceras sorbifolium ｜文冠果｜无患子科文冠果属

Zelkova serrata ｜榉｜榆科榉属

Zigadenus sibiricus ｜棋盘花｜藜芦科沙盘花属

Ziziphus jujuba ｜枣｜鼠李科枣属

Ziziphus jujuba var. spinosa ｜酸枣｜鼠李科枣属

译名对照

人名：

Acton, Frances Stackhouse 弗朗西斯・阿克顿

Adonis 阿多尼斯

Aesculapius 阿斯克勒庇俄斯

Agassiz, Louis 路易斯・阿加西

Ainslie, Whitelaw 怀特洛・安斯利

Albizii, Filippo Degli 菲利浦・奥比奇

Alpino, Prospero 普罗斯彼罗・阿尔皮诺

Alston, Charles 查尔斯・奥尔斯顿

Aphrodite 阿芙洛狄忒

Ares 阿瑞斯

Artemis 阿耳忒弥斯

Atkins, Anna 安娜・阿特金斯

Begon, Micheal 米歇尔・贝贡

Bering, Vitus 维塔斯・白令

Bretschneider, Emil 埃米尔・布雷特施奈德（贝勒）

Breyne, Johann Philipp 约翰・菲利浦・布雷尼

Buchanan, John 约翰・布坎南

Buddle, Adam 亚当・巴德

Bunge, Alexander Von 亚历山大・冯・邦吉

Bürger, Heinrich 海因里希・布尔格

Calypso 卡吕普索

Catesby, Mark 马克・盖茨比

Centaur Chiron 半人马喀戎

Cesalpino, Andrea 安德烈亚・切萨尔皮诺

Charlotte of Mecklenberg-Strelitz 英王乔治三世的夏洛特王后

Claudian 克劳狄安

Commelin, Caspar 卡斯帕・科梅林

Commelin, Johan 约翰・科梅林

Cronquist, Arthur John 阿瑟・约翰・克朗奎斯特

Damocles 达摩克利斯

Daphne 达芙妮

Darwin, Charles 查尔斯・达尔文

Darwin, Erasmus 伊拉斯谟・达尔文

David, Père Armand 谭卫道

De Galinsoga, Ignacio Mariano Martinez 伊格纳西奥・德加林索加

Delavay, Père Jean-Marie 德洛维

De L'Obel, Mathias 马蒂亚斯・德罗贝

De Saussure, Nicolas-Théodore 德・索绪尔

Dickinson, Emily Elizabeth 艾米莉・狄金森

Diels, Friedrich Ludwig Emil 路德维希・迪尔斯

Dionysius II of Syracuse 小狄奥尼修斯

Dioscorides 迪奥斯克里德斯

Douglas, David 大卫・道格拉斯

Ducloux, François 弗朗索瓦・迪克卢

Edgeworth, Michael Pakenham 迈克尔・帕克南・埃奇沃斯

Elsholtz, Johann Sigismund 约翰・西吉斯蒙德・埃舒尔茨

Emerson, Ralph Waldo 拉尔夫・沃尔多・爱默生

Forbes, Charles Noyes 查尔斯・诺伊斯・福布斯

Fortune, Robert 罗伯特・福琼

Gage, Sir Thomas 托马斯・盖奇爵士

Georges-Louis Leclerc 布丰

Gerard, John 约翰・杰勒德

Goethe, Johann Wolfgang von 沃尔夫冈・冯・歌德

Goodyer, John 约翰・古德伊尔

Gray, Asa 亚萨・格雷

Hales, Stephen 史蒂文・黑尔斯

Hemsley, William Botting 威廉・博廷・赫姆斯利

Heracles 赫拉克勒斯

Humboldt, Alexander von 亚历山大・冯・洪堡

Hutchins, Ellen 艾伦・哈钦斯

Hooker, Joseph 约瑟夫・胡克

Ito, Keisuke 伊藤圭介

Johnson, Thomas 托马斯・约翰逊

Kamel, Georg Josef 乔治・约瑟夫・卡莫

Kniphof, Johann Hieronymus 约翰・希罗尼穆斯・尼霍夫

Kölreuter, Joseph Gottlieb 约瑟夫・戈特利布・克尔罗伊特
Lady Charlotte Florentia Clive 夏洛特・弗洛朗蒂亚・克莱弗
Lawrence, David Herbert 大卫・赫伯特・劳伦斯
Linnaeus, Nils 尼尔斯・林奈乌斯
Lonitzer, Adam 亚当・劳尼泽尔
Lysimachus 利西马科斯
Maclean, Julia 茱莉亚・麦克林
Maclure, William 威廉・麦克卢尔
McMahon, Bernard 伯纳德・麦克马洪
Menzies, Archibald 阿奇博尔德・孟雅斯
Narcissus 那西喀索斯
Nicot, Jean 让・尼科
Osbeck, Pehr 佩尔・奥斯贝克
Parmentier, Antoine Augustin 安托万・奥古斯丁・帕尔芒捷
Patrin, Eugène Louis Melchior 欧仁・帕瑞
Philip Henry Stanhope, 4th Earl Stanhope 英国第四代斯坦厄普伯爵
Pinelli, Gian Vincenzo 吉安・文森索・皮内利
Plumptre, James 詹姆士・普伦特
Polwhele, Richard 理查德・宝威利
Princess Augusta of Saxe-Gotha-Altenburg 奥古斯塔郡主
Ray, John 约翰・雷
Reeves, John 约翰・里夫斯
Rohde, Michael 迈克尔・罗德
Rousseau, Jean-Jacques 让 - 雅克・卢梭
Rowden, Frances Arabella 弗朗西斯・劳登
Rudbeck the Younger, Olof 鲁德贝克
Silenus 西乐努斯
Silverstein, Sheldon Allan 谢尔登・艾伦・希尔弗斯坦
Sir George Leonard Staunton 乔治・伦纳德・斯当东男爵
Sir Thomas Gage 托马斯・盖奇爵士
Skeeles, Cordelia 科迪丽娜・斯基尔斯
Smith, Charlotte Turner 夏洛特・特纳・史密斯
Steller, Georg Wilhelm 乔治・威廉・斯特勒
Sterculius 斯忒耳枯利乌斯
Strindberg, August 奥古斯特・斯特林堡
Sweert, Emanuel 伊曼纽尔・斯威特
Takhtajan, Armen Leonovich 亚美因・列奥诺维奇・塔赫他间
The chevalier de la Marck 拉马克
Thornton, Robert John 罗伯特・约翰・桑顿
Von Goethe, Johann Wolfgang 沃尔夫冈・冯・歌德
Von Linné, Carl 卡尔・冯・林奈（原名卡尔・林奈乌斯 Carl Linnaeus）
Von Linné, Elisabeth Christina 伊丽莎白・林奈
Von Weigel, Christian Ehrenfried 冯・魏格尔
Wallich, Nathaniel 纳撒尼尔・沃里克
Ward, Nathaniel Bagshaw 纳撒尼尔・巴格肖・华德
Wendland, Hermann 赫曼・温德兰
Wilhelm, Friedrich 腓特烈・威廉
Wilson, Ernest Henry 恩斯特・亨利・威尔逊
Wistar, Caspar 卡斯帕・维斯塔
Wordsworth, William 威廉・华兹华斯

地名、机构和术语：

Aden 亚丁
Aleppo 阿勒波
Amherst Academy 安默斯特学院
Angiosperm Phylogeny Group 被子植物系统发育研究组
Bishop Museum 毕肖普自然博物馆
Calcutta Botanic Garden 加尔各答植物园
Candia 干地亚
capitulum 篮状花序
catkin 柔荑花序
common descent 共同起源
Connecticut 康涅狄格
corymb 伞房花序
Crete 克里特岛
cytoplasm 细胞质
head 头状花序
genetic variability 基因可变异性
Hispaniola 伊斯帕尼奥拉岛
Hongay 鸿基
Hudson Bay Company 哈德逊湾公司（原名 The Governor and Company of Adventurers Trading into Hudson's Bay）
hypanthodium 隐头花序
inheritance of acquired characters 获得性遗传理论，即“用进废退”
intensification 强化（歌德）
Iraklion 伊拉克利翁
Kamchatka Peninsula 堪察加半岛

Kew Gardens 邱园（后更名为 Royal Botanic Gardens, Kew）
Lapland 拉普兰
Lewis and Clark Expedition 刘易斯－克拉克探险队
Lund University 隆德大学
Maine 缅因
Mauna Kea 冒纳凯阿火山
Mauna Loa 冒纳罗亚火山
Medico – Botanical Society 英国药用植物学会
Mokuaweoweo 莫库阿韦奥韦奥火山口
mycorrhizal 菌根
New Hampshire 新罕布什尔
Ogygia 俄古癸亚岛
Old Furnace State Park 老熔炉州立公园
Olympic National Park 奥林匹克国家公园
Oriental Museum of Asiatic Society 亚洲学会东方博物馆
phylloclades 叶状枝
Poetic Botany Movement 诗意植物学运动
Poetry Walks Program 诗歌漫步项目
polarity 极化（歌德）
Prins Carl 卡尔王子号
protoplasm 原生质
raceme 总状花序
Ross Pond State Park 罗斯湖州立公园
Sachsen-Weimar-Eisenach 萨克森 - 魏玛 - 艾森纳赫公国
semaphore line 扬旗接力系统
Shenandoah National Park 仙纳度国家公园
spadix 肉穗花序
spike 穗状花序
The University of Nottingham 诺丁汉大学
umbel 伞形花序
unifoliate compound leaf 单身复叶
Vancouver Expedition 温哥华探险队
Vancouver Island 温哥华岛
Vermont 佛蒙特
Ward Case 华德箱

文中提到的其他物种：

Abelmoschus manihot 打破碗碗花
Acacia mangium 马占相思
Acer palmatum 鸡爪槭
Aegilops speltoides 拟山羊草
Aegilops tauschii 节节麦
Akania 澳大利亚叠珠树属
Allium cernuum 垂花葱
Anacardium occidentale 腰果
Anemone demissa 展毛银莲花
Anigozanthos flavidus 袋鼠爪
Angelonia Angustifolia 天使花
Aquilegia Canadensis 加拿大耧斗菜
Arachis hypogaea 落花生
Araucaria araucana 智利南洋杉
Belamcanda chinensis 射干
Bougainvillea spectabilis 三角梅
Brassica rapa subsp. chinensis 小白菜
Brassica rapa subsp. parachinensis 菜心
Brassica rapa subsp. pekinensis 大白菜
Calystegia hederacea 打碗花
Carum carvi 葛缕子
Cassiope selaginoides 岩须
Castilla elastica 巴拿马橡胶树
Centella asiatica 积雪草
Cephalanthus occidentalis 风箱树
Chondrodendron tomentosum 南美防己
Cistanche deserticola 肉苁蓉
Clematis acerifolia 槭叶铁线莲
Colutea arborescens 鱼鳔槐
Cornus kousa 日本四照花
Cornus mas 欧洲山茱萸
Corydalis fangshanensis 房山紫堇
Cosmos 菊科秋英属
Dipsacus laciniatus 锐叶起绒草
Encephalartos woodii 伍德苏铁
Eucalyptus cinerea 银叶桉
Ficus carica 无花果
Fuchsia hybrid 倒挂金钟
Gentiana aristata 刺芒龙胆
Ginkgo biloba 银杏
Gorteria diffusa 黑斑菊

Hamamelis virginiana 北美金缕梅

Heliconia rostrata 金嘴蝎尾蕉

Heliopsis helianthoides 日光菊

Hesperocyparis forbesii 塔咖提柏木

Hoya carnosa 球兰

Humulus lupulus 啤酒花

Hydrangea macrophylla 绣球

Incarvillea younghusbandii 藏波罗花

Ipomoea cairica 五爪金龙

Jacaranda mimosifolia 蓝花楹

Lagerstroemia indica 紫薇

Lagopsis supine 夏至草

Leucojum vernum 雪片莲

Ligularia virgaurea 黄帚橐吾

Liriodendron tulipifera × *chinense* 杂种鹅掌楸

Liriope spicata 山麦冬

Lysichiton americanus 黄花水芭蕉

Metasequoia glyptostroboides 水杉

Mukdenia rossii 槭叶草

Musa acuminate 小果野蕉

Orchis italica 裸男花

Oxalis corniculata 酢浆草

Papaver somniferum 罂粟

Passiflora coccinea 红花西番莲

Pedicularis cheilanthifolia 碎米蕨叶马先蒿

Pedicularis urceolata 坛萼马先蒿

Periploca sepium 杠柳

Platycerium wallichii 鹿角蕨

Ploceus capensis 南非织巢鸟

Polygonum viviparum 珠芽蓼

Potentilla glabra 银露梅

Pothos chinensis 石柑子

Pycnonotus sinensis 白头翁（鸟）

Rehmannia glutinosa 地黄

Rhaphidophora decursiva 爬树龙

Rhaphidophora peepla 大叶南苏

Rosa chinensis 月季

Rosa gigantean 巨花蔷薇

Rosa rubus 悬钩子蔷薇

Rosmarinus officinalis 迷迭香

Ruscus hypoglossum 叶上花

Saxifraga tangutica 唐古特虎耳草

Schefflera heptaphylla 鹅掌柴

Setaria viridis 狗尾草

Sophora 苦参属

Stachyurus chinensis 中国旌节花

Strychnos toxifera 毒马钱

Syzygium samarangense 莲雾

Thalictrum aquilegiifolium var. sibiricum 唐松草

Thymus vulgaris 百里香

Toddalia asiatica 飞龙掌血

Triticum monococcum 一粒小麦

Triticum turgidum 二粒小麦

Tropaeolum majus 旱金莲

Ulmus pumila 榆树

Viburnum macrocephalum f. 'Keteleeri' 琼花

Viburnum plicatum 粉团

Viola tricolor 三色堇

Vitex negundo var. *heterophylla* 荆条

Zinnia elegans 百日菊

致谢

本书得以完成，首先要感谢刘华杰老师，没有他的慧眼识珠，《草木十二韵》将永远蒙尘。感谢耐心负责的策划编辑杨虚杰老师和责任编辑田文芳老师关心爱护我这最年轻最不成熟的作者，和才华横溢的设计师林海波老师合作，将本书完美地呈现出来。此外，要特别感谢林老师为我精心雕刻了两枚别致的钤印。

感谢那些在学习植物之路上教导过我的老师。2012 年，我第一次跟随北京大学生命科学学院的汪劲武老师在校园中认植物，从此开启了对植物的热爱。北京大学城市与环境学院的崔海亭、黄润华两位老师共同教授的自然地理课让我受益匪浅。每当想到两位老师论及所爱事物时眼中的光彩，我心中都充满力量。感谢我的硕士生导师，北京大学建筑与景观设计学院的李迪华老师。从大三时旁听他的《城市生态学》课，到研究生进入他的门下，北京、深圳、荷兰、德国，处处都有我们的植物小课堂。感谢我在康奈尔大学景观设计学院的导师彼得·特洛布里治（Peter Trowbridge）和他的夫人尼娜·巴苏克（Nina Bassuk）。在他们共同教授的《城市伊甸园》（*Urban Eden*）课程中，我系统地学习了四百余种北美园林植物的辨认和种植要点，发自内心地享受着课堂上的每一分钟。本书所有水彩植物画也是在彼得老师的指导下完成（I would like to thank my professors Peter Trowbridge and Nina Bassuk of Cornell University. In a Course called Urban Eden co-taught by them, I learned the identification and knowledge of over 400 landscape plants and enjoyed every minute in their class. As my advisor, Peter also devoted incredibly valuable insights for all the colored drawings in this book.）。

感谢许智宏老师在病床上仔细审阅我的书稿，写下满满两大张批注，至真至诚的学者风范使我尤为感动、敬佩！感谢导师俞孔坚老师和友人伯驹兄倾力相助，做这本小书的推荐人。

感谢李相粱在繁忙的学业中抽出时间陪我去爬山，逛植物园，在国家公园宿营、徒步。完成本书的一年半载中，我的生活一直处于变化和动荡中，而与他一起在耶鲁大学的图书馆中工作到深夜的日子，将是我毕生的美好回忆。

感谢北大和山鹰社。在山鹰社，我学会了攀岩、登山、野外生存等技巧，塑造了强健的体魄和意志，有机会攀登雪山，穿越沙漠，在高原徒步，走遍了京郊的野外线路，见到各种生境下的野生植物。特别要感谢果洛周杰和堪布改登两位僧人，他们在科考途中教我认识了许多年保玉则美丽的高原植物，亦要感谢他们为当地生态保护付出的卓绝努力。

感谢豆瓣十年如一日地做我的精神家园。《草木十二韵》和《山河十二韵》最初都发布于豆瓣，《寻找生活的一点儿颜色》最早也是因登上豆瓣的平台《一刻》而引起关注。这些年的经历，便是《山河十二韵》中的一句：“燕园讲堂，学士求索宇宙地，豆瓣胡同，友邻云集安乐乡”。

感谢狄金森博物馆的讲解员。博物馆原本禁止拍照，但是她听说我在为新书拍摄插图，便亲自带着我拍摄了狄金森温室的内景。她的讲解充满细腻的情感和渊博的知识，富于诗意和幽默，是我到现在为止聆听过的最好的博物馆讲解。

最后，也是最重要的，感谢我最亲爱的爸爸妈妈。感谢你们用爱和自由养育我长大，让我内心足够完整，足够幸福，足够有底气来尽情探索这个美好的世界。

冯倩丽

图书在版编目(CIP)数据

草木十二韵 / 冯倩丽著 . — 北京 : 中国科学技术出版社 , 2019.9
ISBN 978-7-5046-8307-6

Ⅰ . ①草… Ⅱ . ①冯… Ⅲ . ①植物-普及读物 Ⅳ . ① Q94-49

中国版本图书馆 CIP 数据核字 (2019) 第 113474 号

策划编辑　杨虚杰
责任编辑　田文芳
特约审校　肖　翠
装帧设计　林海波
责任校对　焦　宁
责任印制　马宇晨

出　　版　中国科学技术出版社
发　　行　中国科学技术出版社有限公司发行部
地　　址　北京市海淀区中关村南大街 16 号
邮　　编　100081
发行电话　010-62173865
传　　真　010-62173081
网　　址　http://www.cspbooks.com.cn

开　　本　880mm×1230mm　1/32
字　　数　215 千字
印　　张　8
版　　次　2019 年 9 月第 1 版
印　　次　2019 年 9 月第 1 次印刷
印　　刷　北京博海升彩色印刷有限公司

书　　号　ISBN　978-7-5046-8307-6/Q · 218
定　　价　69.00 元
